都市・農村連携と
低炭素社会の
エコデザイン

梅田靖・町村尚・大崎満・周瑋生・盛岡通・仲上健一 編著

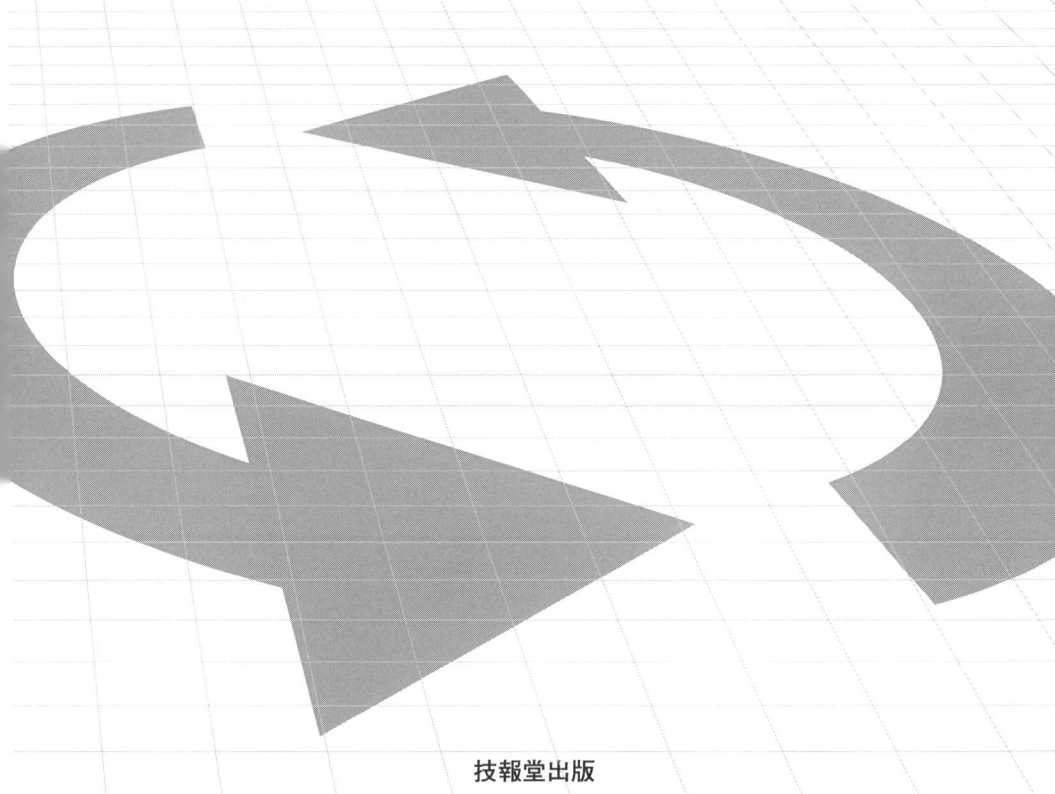

技報堂出版

序　言

　低炭素社会の構築に向けては、制度設計、ものづくり、市民のライフスタイル、地域のエネルギー供給システムなど、あらゆるモノとコトを結集してその実現を図る必要がある。その中でも都市・農村の地域連携が改めて注目されつつある。都市問題、農村問題が深刻化する中で、それぞれ個別に議論されることはあっても、共同の目標である低炭素社会構築のための連携をキーワードにした考察はこれまで多くはなかった。環境省地球環境研究総合推進費 E–0804「都市・農村の地域連携を基礎とした低炭素社会のエコデザイン」プロジェクト（2008～2010年度）では、「都市・農村の地域連携を基本コンセプトとして、低炭素社会の下でのアジアにおける都市・農村連携の在り方を具体的な事例を通じて追求し、あるべきエネルギー・物質の資源循環システムを基盤とした将来シナリオを描く」ことを目的とし、概念の整理、具体化、およびその科学的評価手法の提案に果敢に取り組んできた。本書は、このプロジェクトの結果から得られた知と方法を発信することを目的としている。

　本プロジェクトの特徴は、都市・農村連携の概念を一般的に整理すると同時に、日本と中国においてパイロットモデル地域を設定し、都市・農村連携の姿を具体的に示し、その多面的な効果の科学的な評価を試みた点である。具体的には、①中国河南省の杜仲産業を事例とした、農工連携による自然資本を生かした低炭素化産業を創出する「業結合モデル」、②北海道全域を対象に、都市-農村空間結合による低炭素化クラスター形成によって北海道の食料・エネルギーの自立を目指す「空間結合モデル」、および③日中互恵モデルによる広域低炭素化社会実現のためのエネルギー・資源システムの改変と政策的実証研究である「国際互恵モデル」を提案、実証した。

　本書では、まず、第1部「農村と都市の連携のあるべき姿」で、都市・農村連携の概念整理を行い、その本質的な意義と連携を実現するための課題の明確化を試みる。

序　言

　第2部「都市・農村連携による低炭素社会構築の可能性」では、先に述べたパイロットモデル地域の具体的内容とそのモデル化、展開について述べる。ここで注目していただきたいのは、中国河南省の杜仲産業という数千haの規模、北海道全域、日中間の広域低炭素社会実現のための広域連携という3つの異なる空間スケールで都市・農村連携を捉えようとしている点である。これらの比較を通じて、各地域の固有性を越えた都市・農村連携の意義と、さらには、内発的参加者意識を持てば、各地域の固有性と組み合わせることにより、どこにでも展開することができる可能性を見ることができる。そして、第3部「都市・農村連携と低炭素社会のエコデザイン」では、本研究を総括するとともに、将来のあるべき姿の提示を試みる。

　以上のように、本プロジェクトでは、都市・農村の地域連携を基礎とした地域社会モデルを具体的に提示することに注力してきた。そして、この課題に対して、ある種の切り口を提示できたものと自負している。本書が、「低炭素社会構築」、「ポスト京都議定書」議論、さらにはサステイナビリティ・ソサイティ構築の議論展開のきっかけになれば幸いである。

　末筆ながら、本書を作成するにあたり、環境省地球環境研究総合推進費E-0804プロジェクトの全メンバーの皆様に、また、本書の編集を快く引き受けて下さった立命館大学の加藤久明さんに深く感謝いたします。

2010年11月8日

編者を代表して

梅田　靖

名　　簿 (50音順．太字は執筆箇所)

編者

梅　田　　靖　　大阪大学大学院工学研究科教授／序言、第Ⅲ部2.
大　崎　　満　　北海道大学大学院農学研究院教授／第Ⅱ部2.1、第Ⅲ部2.
周　　瑋　生　　立命館大学政策科学部教授／第Ⅱ部3.1、3.2、3.3、3.4
仲　上　健　一　　立命館大学政策科学部教授／第Ⅱ部3.1、3.7、第Ⅲ部2.、結語
町　村　　尚　　大阪大学大学院工学研究科准教授／第Ⅱ部1.1、1.3、1.4
盛　岡　　通　　関西大学環境都市工学部教授；大阪大学大学院工学研究科附属サステイナビリティ・デザイン・オンサイト研究センター招聘教授／総論、第Ⅲ部1.、2.

執筆者

安　藤　　隆　　伊達市企画財政部企画課係長／第Ⅱ部2.4.3
加　藤　久　明　　立命館グローバル・イノベーション研究機構研究員／第Ⅱ部3.6
亀　井　敬　史　　立命館大学サステイナビリティ学研究センター研究員／第Ⅱ部3.2、3.3
木　村　道　徳　　大阪大学大学院工学研究科特任研究員／第Ⅰ部2.
工　藤　康　彦　　北海道大学サステイナビリティ学教育研究センター博士研究員／第Ⅱ部2.3.2
小　泉　國　茂　　立命館大学サステイナビリティ学研究センター客員研究員／第Ⅱ部3.5
小　林　昭　雄　　大阪大学サステイナビリティ・サイエンス研究機構特任教授／第Ⅱ部1.1、1.4
佐　田　忠　行　　大阪大学大学院工学研究科特任研究員／第Ⅱ部1.3
佐　藤　寿　樹　　北海道大学サステイナビリティ学教育研究センター博士研究員／第Ⅱ部2.3.3
関　根　嘉津幸　　富良野市総務部市民環境課課長／第Ⅱ部2.4.2
蘇　　宣　銘　　立命館大学大学院政策科学研究科博士後期課程／第Ⅱ部3.1、3.3
田　中　教　幸　　北海道大学サステイナビリティ学教育研究センター教授／第Ⅱ部2.2
丹　保　憲　仁　　北海道大学名誉教授；北海道立総合研究機構理事長；元・北海道大学総長；元・放送大学学長；元・土木学会会長／第Ⅲ部1.
辻　　宣　行　　北海道大学サステイナビリティ学教育研究センター特任准教授／第Ⅱ部2.3.1、2.3.4
津　田　和　俊　　大阪大学大学院工学研究科附属サステイナビリティ・デザイン・オンサイト研究センター特任研究員／第Ⅰ部1.、4.
堤　　雅　史　　日立造船株式会社／第Ⅱ部1.2
長　岡　哲　郎　　下川町地域振興課環境モデル都市推進室室長／第Ⅱ部2.4.1)
中久保　豊　彦　　大阪大学大学院工学研究科博士後期課程／第Ⅰ部3.
中　澤　慶　久　　大阪大学大学院工学研究科招聘准教授／第Ⅱ部1.2
任　　洪　波　　立命館グローバル・イノベーション研究機構研究員／第Ⅱ部3.3
原　　圭史郎　　大阪大学環境イノベーションデザインセンター特任講師／第Ⅰ部4.
福　島　龍太郎　　日立造船株式会社／第Ⅱ部1.3
Low　Bi　Hong　　大阪大学大学院工学研究科博士前期課程／第Ⅰ部4.

025/05/0019:0725/05/0019:07
目　　次

総　論　都市・農村連携の原点　*1*
 1.　都市の成長と依存関係　*1*
 2.　都市・農村の連携の考え方の類型　*3*
 3.　都市・農村の連携の基本であり、第一の強化点は「自立型」　*4*
 4.　都市・農村の連携の第二の強化点は「業連携型」　*6*
 5.　都市・農村の連携の第三の強化点は「空間連携型」　*9*
 6.　都市・農村の連携の第四の強化点は「ファイナンス連携型」　*11*
 7.　都市・農村の連携の第五の強化点は「フットプリント連携型」　*12*
 8.　都市・農村の連携の第六の強化点は「自然資源サービス連携型」　*14*
 9.　おわりに　*16*

第Ⅰ部　都市と農村の連携のあるべき姿　*19*

1.　都市・農村連携の概念整理　*19*
 1.1　都市と農村の対比　*19*
 1.2　統計上の定義　*20*
 1.3　日本の都市・農村と国土政策　*21*
 1.4　近年における産業・省庁間の連携　*23*
 1.5　低炭素社会の都市・農村連携　*24*

2.　低炭素社会構築を目指すための農林水産業を中心とした業結合　*27*
 2.1　低炭素社会の形態　*27*
 2.2　低炭素社会における業結合モデルの概要　*30*
 2.3　低炭素社会を目指す制度を対象とした業結合の把握　*31*
 2.4　宮古島市の環境モデル都市行動計画書における業結合　*32*
 2.5　まとめ　*34*

3.　バイオマス利用による資源の利用構造の変化シナリオ　*36*
 3.1　バイオマスを活用することで実現できる都市・農村連携の姿　*36*
 3.2　バイオマスをどう活用するか　*36*
 3.3　中国浙江省におけるケーススタディ　*38*
 3.4　食品廃棄物・排泄物・汚泥の利用用途配分　*39*
 3.5　森林資源の利用用途配分　*41*
 3.6　まとめ　*43*

4.　都市・農村連携の可能性と未来像　*44*
 4.1　日中における都市・農村連携と地域資源循環　*45*

4.2　パイロット・モデル事業の提案　*46*
　　　4.3　広域展開可能性の評価枠組み　*47*
　　　4.4　温室効果ガス排出削減量の試算　*49*
　　　4.5　まとめ　*50*

第 II 部　都市・農村連携による低炭素社会構築の可能性　*51*

1. 農村産業：新しい仕組みと挑戦　*51*
　　　1.1　地球環境時代の農村産業　*51*
　　　　　1.1.1　これまでの農村産業　*51*
　　　　　1.1.2　新しい農村産業　*52*
　　　1.2　農村低炭素化産業の実際：中国河南省の杜仲産業　*54*
　　　　　1.2.1　黄土高原の森林と文明　*54*
　　　　　1.2.2　退耕還林政策　*54*
　　　　　1.2.3　トチュウとトチュウゴム　*57*
　　　　　1.2.4　トチュウ種子バイオマス　*57*
　　　　　1.2.5　トチュウゴム生産実証試験　*59*
　　　　　1.2.6　まとめ　*60*
　　　1.3　農村産業の低炭素化効果と多様な便益　*61*
　　　　　1.3.1　農村産業の多様な便益　*61*
　　　　　1.3.2　低炭素化効果　*61*
　　　　　1.3.3　環境保全効果　*64*
　　　　　1.3.4　社会・経済的効果　*66*
　　　1.4　農村産業による低炭素クレジットとCDMの課題　*67*
　　　　　1.4.1　吸収源CDM概要　*68*
　　　　　1.4.2　炭素クレジット取得までの流れ　*71*
　　　　　1.4.3　吸収源CDMの炭素クレジット算出方法　*72*
　　　　　1.4.4　吸収源CDMの状況　*72*
　　　1.5　グリーン産業の将来展望　*74*

2. 北海道独立構想　*77*
　　　2.1　北海道独立への道　*77*
　　　　　2.1.1　サトヤマ　*78*
　　　　　2.1.2　石油依存型農業の危機　*79*
　　　　　2.1.3　北海道独立論の系譜　*79*
　　　　　2.1.4　北海道独立への道　*82*
　　　　　2.1.5　まとめ　*83*
　　　2.2　新たな里　*84*
　　　　　2.2.1　北海道の里の原点　*84*
　　　　　2.2.2　北海道の現状　*86*
　　　　　2.2.3　新たなプレーヤーを取り込んだ地域ガバナンス確立の必要性　*87*
　　　　　2.2.4　平成における田舎再生三種の神器(新サトヤマ構想)　*89*
　　　2.3　食・エネルギーと環境を活かした北海道の自立化展望　*90*

        2.3.1 バイオマスエネルギーの量と質　*90*
        2.3.2 北海道における森林業の歴史的展開　*93*
        2.3.3 バイオマスによる食料・エネルギー自給の可能性　*97*
        2.3.4 炭素クレジット、生物多様性オフセット、代償ミティゲーション　*101*
    2.4 地域の持続的な取組み　*104*
        2.4.1 森林を活かした都市・農山村連携：環境モデル都市、下川町　*104*
        2.4.2 循環型社会を目指して：富良野方式によるリサイクルシステムの構築について　*107*
        2.4.3 伊達市の移住促進政策について：「伊達ウェルシーランド構想」による官民協働のまちづくり　*110*

 3. 広域低炭素社会と国際連携　*116*
    3.1 広域低炭素社会の政策フレーム　*116*
    3.2 広域低炭素社会実現のための評価モデルの開発とケーススタディ　*119*
    3.3 都市・農村連携とエネルギー・資源システムの最適化　*123*
        3.3.1 都市・農村連携型エネルギーシステムのイメージ　*124*
        3.3.2 地域エネルギーシステムの解析モデル　*125*
        3.3.3 都市・農村連携型エネルギーシステムの効果分析：中国浙江省湖州市を例に　*125*
    3.4 広域低炭素社会とCDMの活用　*128*
    3.5 国際資源循環と広域低炭素社会　*132*
        3.5.1 古紙の国際資源循環と広域低炭素社会　*133*
        3.5.2 家電リサイクルの国際資源循環と広域低炭素社会　*135*
    3.6 「国際互恵」と広域低炭素社会　*137*
    3.7 広域低炭素社会と戦略的適応策　*142*

第Ⅲ部 都市・農村連携と低炭素社会のエコデザイン　*149*

 1. 地球的環境容量に応じた持続可能性と地域自立への直　*149*
    1.1 地球の容量限界：環境容量の視点を再考する　*149*
        1.1.1 グローバリゼーション　*149*
        1.1.2 地球生態系と経済を駆動するエネルギー　*150*
    1.2 文明の転換　*152*
        1.2.1 世界人口の推移　*152*
        1.2.2 世界の人口増加地域と飽和地域　*153*
        1.2.3 水・エネルギー使用量の増加と経済成長　*154*
        1.2.4 20世紀という時代の総括　*155*
    1.3 人類活動と都市社会化　*156*
    1.4 食糧生産と農業　*158*
        1.4.1 国別農地面積、農業活動従事人口　*158*
        1.4.2 漁獲量の変遷　*160*
    1.5 エネルギー問題　*161*
        1.5.1 人類と化石エネルギーの関係　*161*

　　　　　1.5.2　地球温暖化　*161*
　　　　　1.5.3　短期均衡(フロー)型と蓄積資源(ストック)利用型エネルギー社会　*162*
　　1.6　水が世界人類の生存を支配する　*163*
　　　　　1.6.1　地球上の水の存在と需要　*163*
　　　　　1.6.2　世界で水システムが危機を迎える　*164*
　　　　　1.6.3　水システムの統合　*166*
　　　　　1.6.4　水環境圏(区)の基本構造　*167*
　　1.7　Carrying Capacity はどう決まるか　*169*

2. 座談会　都市・農村連携と低炭素社会のエコデザインとは　*172*
　　2.1　座談会を開始するにあたって：低炭素社会のエコデザイン、第一次産業から第六次産業へ、国際連携の意味とその変質　*172*
　　2.2　パイロット・モデルを通じて行った組織的な研究スタイル：その特徴と課題　*182*
　　2.3　北海道の自立　*187*
　　2.4　東アジアにおける低炭素社会構築の与件の変化　*195*
　　2.5　オーバーシュートを如何に回避すべきか：容量限界への処方箋を求めて　*201*
　　2.6　まとめ　*205*

結　語　*211*

総論　　都市・農村連携の原点

1. 都市の成長と依存関係

　地球上の土地の2％を占めるに過ぎない都市が人為的な二酸化炭素排出量の3分の2を占める。また、都市を代表する多くの建築物・ビルで消費されるエネルギー量は世界の総消費量の30〜40％を占めるという。
　東京都の食料の消費を満たすために、平均的に見れば、その面積の約100倍の農地、そして1,000倍の海（水面）が供給元として、維持されている。
　このような論点は自然資源の供給に必要な自然地の面積を計算し、あるいは二酸化炭素を吸収しうる森林で代表される自然地の面積を勘定するエコロジカル・フットプリント[*1]の考え方で近年整理されてきた。
　そこで取り上げる物質（資源）的バランスの上流側では水、木材、紙、衣類繊維製品、食糧等を取り上げ、下流側では二酸化炭素と栄養塩等を取り上げ、その単位重量当たり必要な空間量を原単位としてデータベースとして持っておけば、活動規模によって資源環境制約を超えることになるかどうかを判断することができる。
　この図式を使えば、資源生産の依存や環境負荷に対する気付きの効果がある。オーバーシュートに警戒警報を出す効果はある。しかし、地域の活動が大きくなれば、自ずとエコロジカル・フットプリントの総量が増加し、環境の持続可能性のために、人間活動を直接に削減していく他には取るべき所作はないとなる。因みに日本のエコロジカル・フットプリントは国土の数倍でまだ増加している。

[*1] エコロジカル・フットプリント：ecological footprint（EF）。W.Rees や M.Wackemagel によって開発され、その計算法や評価法は Global Footprint Network（www.footprintnetwork.org/）が提供している。

これに対して、資源生産性を向上させようとする考えでは、人間活動と経済を増大しても、総環境負荷や依存の程度を減らすことができるという位置付けを行っている。すなわち、時間経過の中で、自然資源の生産と環境への負荷のフラックスで経済的福祉（GDPはその一指標）を割った値を資源生産性、エコ・エフィシエンシとしてそれを向上させようとしてきた。環境負荷として二酸化炭素をとれば、ライフサイクルでのCO_2当たりの経済的産物を問うことになる。

工業製品の場合には、この部材や使用資源のライフサイクルでの負荷を見ていく時に、その源泉が地下由来であることが多く、地下資源を掘り出してそれが枯渇することで人類に危機的な状況をもたらす。自然資源を活用している場合には、再生可能な限界を超えて消費するなどで物量の使用（消耗）と廃棄の規模の過大さが問題となる。

資源の総体ではMFA[*2]に基づく資源生産性、最終処分量、そして再生資源投入率の3つが循環指標でベンチマークとして活用されている。そこで化石燃料や土石量（セメントや砂利等）等の嵩張る主要な資源の流れをスリムにすること、言い換えると脱物質化が現実的方策である。これに対して自然資源の活用領域では、SMY[*3]の概念に基づく調達を限度とすることになるが、その場合の調達場所を安定して内外に確保することが重要となる。

基本的に消費の側に立つ都市を供給側に立つとされる農村・田園が救うことができるのか。このことが、低炭素型の都市農村の連携をデザインしようとした当初の問いかけであった。しかし、そもそも農村や田園は万能ではない。

農村や田園ができることは、その自然循環に適した空間的特徴（広さ、自然資源サービスの多様さ等）を活かした所作である。工業文明の化学合成品、金属加工品に含まれる地下資源構成物を受け入れ、逆にそれらを生産することを意図しても、農村側で良い答えを出せるはずがない。いわば、生態系サービスとは言えない化石燃料や鉱物を地下から掘り出して運用される高炭素社会や資源消耗社会で、生態系サービスを活かすことは難しい。あくまで、自然循環に適した空間的特徴に基づい

[*2] MFA：material flow analysis。企業、都市、国家、世界のレベルの物質フローを計測、分析、そして評価する方法。インダストリアル・エコロジーの主要なツールのひとつであり、SER（Sustainable Europe Research Institute）等によりデータ（www.materialflows.net/）が提供されている。

[*3] SMY：sustainable maximum yield。持続可能な最大収穫量。

た、しかも継続しうる所作が原点である。

　では、そのように自然循環に適した農村の振舞いが都市を支え得るかどうかの成否を決めるのは、都市に対する農村・田園の規模のみだろうか。答えはノーである。しかるに、先に紹介したエコロジカル・フットプリントは、国土面積の数倍のエコロジカル・フットプリントに依存していると短絡されるので、その中間項を操作しようとする行動を発展させにくい。

エコロジカル・フットプリント／都市面積＝Σ_i［サービスや活動の類型iの単位量当たりのエコロジカル・フットプリント］×［活動類型iのボリウム／GDPのような経済活動］×［GDPのような経済活動／都市面積］

の式からすれば、右辺の第一、第二、第三の3つの比率が都市の環境共生を決める。

　都市と農村の結び付き方の距離や相互の空間配置の適切な姿、その空間の上に立つ自然資源の加工場の機能の高度化等の所作がより良く都市を支えることになる。すなわち、生物資源サービスを最高級に設(しつら)えることで都市住民を支えると考える方が妥当である。以下にそのことを述べてみたい。

2. 都市・農村の連携の考え方の類型

　以上に述べたように、都市と農村の連携を考えるにあたり、都市で対応できない残渣を押し付け、農村からの賃金労働者の派遣を期待するような片務的関係を想定すべきではない。とすれば、いかなる都市・農村の連携を模索することになるのであろうか。この点で、いくつかの類型を分類することで、次の展開が可能になる。本稿の役割は、2.以下で具体的に述べる低炭素型都市・農村の連携のおおよその展望することにある。

　まず、都市と農村の差をさらに広げて純化させるのは適切ではないという立場から、都市に農村的要素を強化して自立性を高める第一のアプローチがある。①農村的営みを内部に持つ都市による自立型連携がその姿である。第二には、都市に見られる機能分化の効果的側面を評価し、分化してきた生業、専門特化した営みを農村の百匠としての業と連携させる試みを考える。②業の連携による都市・農村の結合の強化がその姿である。第三には、都市のコンパクトな空間と田園的広がりの適度な混合・接近への再配置が資源の利用効率を向上させるという論点を考えたい。③空間結合による都市・農村の連携強化がその姿である。

さらに、現在の都市と農村にはグローバルな規模での継続にかかる条件が加わっている。それは日本の農産物と農業は世界の貿易による影響を強く受け、様々な形態の流通市場を形成維持する工夫の中で、国内農業に不利となっているファイナンスを強化して、健康や安全を志向する都市の需要に応えていく。④ファイナンス連携による都市・農村の相互充足がその姿である。第五には、農産物こそ環境負荷の小ささをアピールすべきであり、低炭素型の社会システムの形成に貢献するCarbon Metrics[*4]やMRV(measure、review、verification)[*5]を先導して示すようなアプローチが望まれている。⑤フットプリント(環境負荷の印)を活用した都市・農村連携がその姿である。そして、理念的には地下資源の枯渇を招く消耗型から脱し、自然資源の高効率の利用を起点とする消費と生産のシステム(SCP；sustainable consumption and production)[*6]へと都市農村の結び付きを転換、移行してゆくことが課題である。すなわち、⑥健全で活力ある自然資源サービスを継続する都市・農村の連携がその姿である。

3. 都市・農村の連携の基本であり、第一の強化点は「自立型」

農村的営みを内部に持つ都市による自立型連携がまず挙げられる。この自立型の主張は都市自身も農村的営みを内部に持つべきという論点に立ち、都市の再自然化、都市農業の展開等の試みを展開しようとしてきた。都市内の農業振興地域の強化を図り、コンパクトシティの実現で生じた空閑地に再自然化あるいは農地化を図っていくアプローチである。

---

*4 Carbon Metrics：ライフサイクルでの二酸化炭素排出量を算定するツールのひとつ。多くの民間セクターがより便利なサービスを提供するビジネスに取り組んでいるが、その一例。

*5 MRV：Measurement,Reporting and Verification。測定し報告し確認する二酸化炭素削減の国際ルール。コペンハーゲンのCOP15で提案され、コペンハーゲン・アコードと呼ばれた国際的合意を目指す自主的かつ効果を確認できる試み。「国際ガイドラインに沿って、しかしそれぞれの国の主権に配慮して進める」としたが、京都議定書による拘束を受ける国以外の国に削減取組みを拡張する枠組みは、COP16以降も検討を続ける。

*6 SCP：Sustainable Consumption and Production。UNEPの「地球規模の環境変化に対する人文社会科学的研究」の産業社会転換(http://ec.europa.eu/environment/eussd/escp_en.htm)では消費の需要側から駆動し変えていくという展望のもとに取り組んでいる。

市街地に残る農用地を農業の継続を条件に宅地並み課税から除外して営農を支えたうえで、市民農園などとして住民への貸し付けや、学校教育苑として活用するなどの変種を生み出している。さらに、冬季の田への水張りで生き物を育むなど、従来の農業生産効率のみに拘らず、自然の回廊や風景の魅力づくりに目標を拡大するのも近年の特徴である。この時、鳥や魚、昆虫等の特色ある種の保存が目的となることで、再自然化の動きが住民に支持されやすくなることもしばしばである。

　しかし、最大の都市住民にとって、農的営みを都市の近くで置いておきたいと願うのは、新鮮で安心な野菜・農産物（葉物、実物、根菜、キノコ、果物等）を得る時であり、気候不順の時に跳ね上がる価格と比較すると、近郊産地直売場の魅力は大きなものがある。と同時に、温暖な気候帯の都市圏の住民は、農産物直売場に向かう時、初春の畑の七草、蕗から土筆、そして鎮守の森から里山で得られる蕨や山菜、そして彼岸花から、季節ともに変わりゆく風景を楽しませてもらえる。

　環境モデル都市として2008～2009年に採択された11の自治体の中で、このような都市内農業による野菜等の供給を強く訴えた都市として目立ったのは、堺市である。政令指定都市の中では、千葉、堺（泉州野菜）、京都（京野菜）、神戸等の野菜生産が目立つが、このうち、神戸と堺は何れも農業公園の整備を行政で行うなど近郊農業の振興に力を注いできた。保存が効きにくい野菜を新鮮なまま近くで提供することは、単純なカロリベース（あるいは重量ベース）でフードマイレージ[*7]を表現する以上、あるいは地産地消の自給率（重量ベース）で評価する以上の実質的な福祉を提供している。

　都市の中に農村域を意図的に維持するには、住宅地等の他の用途に転換されることを避ける土地利用規制、都市緑地としての景観形成による環境価値の増大、水利施設の水頭から流出先までの水循環の安定化維持、それに農地継承を前提とした土地税制上の優遇、土地所有と農地運用の分離、都市ファームの経営力の向上等を図っていかなければならない。

　自立した農村部を抱えた都市は、水循環上（出水安定化、地下水位安定化等）とともに、気候変動に対する削減・適応上の効果も生み出すことが期待される。その空間形態としては、大きくは団子の串刺し型の集住地、放射状型の集住地が区別され、

[*7] フードマイレージ：食糧を運んだ距離に応じて何らかの環境負荷が生じるとのもとに、重量で重みを付けた食糧の産地からの距離で示した指標。

それらの集住地の間の農村地が供給しうる地場産の農産物の規模が継続性の重要な条件であり、環境面からの農村整備はこの側面に焦点を当てて展開すべきだろう。

4. 都市・農村の連携の第二の強化点は「業連携型」

農業の特定の農産物の生産にとどまらず、食品加工業、観光業、建設業、水道事業等の生業の様々な形態を都市と農村の媒介項として、都市内部はもちろん農村部にも設けることで、有機的つながりを作りだそうとするものである。これを業の連携による都市・農村の結合の強化という。現在の農村といっても、暮らし方には都市のそれと共通点が多く、業の連携を図る時には、農村内部の多様な業をまずパートナーとして考えて連携を推進するものとする。すなわち、農村内部でもICTの普及や農協はじめとした資金メカニズムを想定できるからである。このような接近した業の連携は、資源残渣や廃棄物をむしろ自らの責任で視える距離にある工場や農地に還元できるというメリットを活かすべきである。

農業には多様のものがあるので、まずは農業の内部で連携を強化することを考えよう。耕種農業の名でも穀物、野菜、果樹等の栽培があり、田畑に香りを持つ栽培物の併せ栽培で殺虫剤の利用を逓減し、あるいはカルガモ飼育農法のような幼草を取り除くことを期待するような工法が篤農家によって開発されてきている。有機的栽培では個々の農のユニットで細やかな作法を進めようとしてきた。さらに山で刈り取った下草を田畑に鋤き込み、間伐材チップを畜舎の敷き材に用い、水路の泥を掻き揚げる方法も栄養分や土壌団粒を確保するために行われてきた。以前はモザイクのように農のユニットが小さな単位で重なって相互に繋がる形で運営されてきた。

現在では、それぞれの農のユニットは究極的にまで単純化され、分離され、時間効率的に高い運営がなされている。それを支えたのは価格の安い石油等化石燃料、海外から調達された資材、農業機器の存在であった。しかし、その結果、繊維分が還元されない土壌で団粒が弱体化し地力が低下するとともに、暗い林内には残材と厚い堆積物がたまり、畜舎では排泄物を外部に依存して処理されることとなり、従来の農村田園に見られた物質循環が切断されてしまった。代わりに化石燃料と地下資源からの流れが大量に一方方向に投入され、資源生産性は劣るが時間生産性は高い農業生産となった。

現在の農村は生産物の加工場、出荷場を持ち、様々な栽培物の出荷を調整し、複

数の産物を合わせて加工品とし、特色を出す試みが増えつつある。特に各所の農水畜産物直売場における産地直送品には、安心、安全、新鮮に加え、伝統野菜等の特色ある産地の恵みを味わえる品揃えが増えている。同じ産地であるというブランド付けにより業連携型で多様な製品を送り出そうとしている。同じ産地を構成する穀物栽培業、野菜・果樹・花卉栽培農業、酪農、牛豚鶏育成業、林業、林産物生産業等が連携する時、新たな資源循環を形成しうると思われる。

　まずは里山から考えよう。山からの木材、竹材等を農畜産業等の用材として利用することは、カーボンニュートラルな材として低炭素型社会に貢献し、最も基礎的なことである。特に植林後数十年になる杉・檜林については選択伐採を実施し、計画混交林に徐々に移行させ、その過程で生み出される材を用いて農村集落の風景を再生するプロジェクトを行うべきである。近年ようやくガードレール等を木質系で置き換える事例が各所で見られる。美しい農村に似合う地場産建材を「低炭素ラベル」付きで普及させるチェーンマネジメントが重要である。環境モデル都市である京都市の「木づくりの町」は、木質系の素材で京都の風景を継承発展させようとしたものといえる。

　網代の天井や敷布も食膳の漆器も、農村のエコシステムサービスに匠の技が出会ってできたものであり、今では細くなったこれらのチェーンも京都東山の町家に漆工芸品修繕研究所ができることで、都市・農村の連携が生まれつつある。和漆を採集する里は青森二戸の郊外等わずかになり、埃を嫌う塗師の線書きに使われた筆の毛に利用された琵琶湖ヨシネズミもヨシ帯の後退でほとんど姿が見えない。良い漆器づくりを継承するためにもヨシ帯の維持・継承を図っていこうということになる。

　米作と針葉樹植林に頼った日本は、単一農法で拡大する方式が破綻して急速に撤退が生まれ、谷内田が荒れている。往時は養蚕農家が育てた桑の葉や実も山里になくなり、樹種もむしろ園芸樹になった。大輪の一日花をつける綿も見ることはなくなった。目先の買取り制度等にゆがめられ、農業は業としても脆弱な構造になってしまった。

　開拓した農地や植林地が遊休地や放棄地になった時、それらを乱れた状態に置くのか、循環を基調とした再生を目指すかでは全く異なる。多様な営農こそがしなやかな運営を行えるとして少量多品種の野菜畑を育てる農家もある。また、食にこだわり発信を続けてきた辰巳良子さんも10年後の胡桃の林に実のなることを願って

胡桃の木を植えている。熊の被害には里山を荒らした人間側の所作がもたらした影響が強い。健康でおいしい食べ物を得るには一草一木に責任を果たしてゆくことである。それで人は生態系の多様さの恵みを得ることができるということを示している。

　里で行う有機物循環には、残材チップや稲藁の畜舎の敷き藁への利用、畜舎の汚れた敷き藁をコンポスト装置に加えて肥料にするといった方式が多い。牧畜形式なら牧草とその肥料となる有機物の流れが放牧された家畜の排泄物から生まれるが、畜舎形式では面積当りのバランスが崩れ、農地に還元してやらねばならない。後述のように、北海道の農業を、森林が中心で水田が付属するタイプ（林業と農業の連携）、畜産が主流で畑地が付属するタイプ（畜産と農業との連携）、さらに水田主流のタイプ（水田耕作自身の他の栽培農業との連携）、それに畑地中心のタイプ（畑作自身の他の農業との連携）等に区別しているが、それぞれに循環のターゲットは異なってくる。もちろん堆肥を還元するには畑地は都合が良いし、畜産の廃棄物も畑地に還元することができる。

　さらに、農林畜水産物の加工を考えてみよう。その製造・流通・販売の段階ごと副産物が発生し、その有機物を周辺の農林畜水産業が有効利用するというモデルが生まれる。最近の道の駅や農産物直売場では、野菜や林産物を販売する過程で発生する廃棄物について紙類やプラスチックを分別し、有機物の残渣のみを農地に還元する試みを行っている。また、ジャム、キノコ、漬物、乾燥品等の加工品を扱う場合には残渣、スラッジ等が発生し、それらを堆肥化して畑地に還元することがなされている。その例については後の章で言及されているが、おおよそには、農村の野菜・キノコ等の加工工場で発生する清浄な残渣は畜産系の餌、腐敗物は有機肥料に回し、都市内食品工場では難しい廃棄物ゼロを達成しうる。また、里地にある木材も木質をパルプ化する以外の加工を試みることで資源として活用できないかが模索されている。

　このように、物質資源の相互の遣り取りを通して林業、畜産業、耕種農業、果樹づくり等、それぞれを栽培し、加工した時の副産物を別の栽培場や加工場に再投入することがなされている。一体性を持った地域事業として展開していくことで、市況変動や気候変動にも柔軟に対応できる農村産業が生まれてくる。

　農業部門での最も大規模な資源循環の姿は、バイオマスからのエネルギー資源回収を試みた例に見られる。テンサイや芋類からは砂糖やでんぷん、焼酎が生成され

るが、その残渣もかなりの炭素価を持ち、工業用アルコールあるいはメタン生成を行うことで、資源価値を高めることが可能になる。

典型的な例がバイオマスニッポンの事例として紹介されている。畜産系廃棄物に対してメタン発酵を促進するプロジェクトは、21世紀の当初より多く試みられ、比較的安定して運転されている。帯広等の事例が有名である。

他方で、国策としてガソリンに添加しようとした草本・木質系バイオマスをバイオエタノールに変えようとしたプロジェクトの多くは、補助期間はともかく、自立のランニング時期に入るとコスト的には苦しい。新潟のイネ科バイオマスからのE3[*8]、大阪の廃棄建材からのE3、また宮古島の廃糖蜜からのE3のいずれも公的に組織された利用者が買い求めることで維持されているのであり、市場で受け入れられて運用されているわけではない。特にリグニン系にも作用させる化学反応を目指した時期もあり、薬品分解に代わる爆砕も実プロセスでは困難であり、需給関係の分析や不確実性に対する技術評価をよりきちんと行うべきであろう。

5. 都市・農村の連携の第三の強化点は「空間連携型」

都市のコンパクトな空間を誘導し、その外延部に田園的広がりがあって、圏域として適度な混合・接近への再配置が資源の利用効率を向上させるような空間結合による都市・農村の連携強化をイメージする。この空間結合を考える時、次のような仮想的な圏域を想定してみよう。

まず、車の走行からすれば、50 km圏は約1時間弱の交通圏である。その中心に人口が集中し、金融、学術、ビジネス等の活動がなされ、その周りに住宅が広がる姿を考える。都市間交通がこの圏域の外側の境界を横切る辺(あた)りには、どちらの都市にも通勤が可能という意味でも住宅地が延伸し、自ずと居住選好がなされる可能性が高い。居住選好がなされると、そのサービス施設がさらに張り付いて、その居住選択された住宅地にサービスを提供する業務系が進出してくる。こうして、小さな都市が生成し、都市群が団子の串刺しのような形をとる。この団子の串刺しは、用途地域地区性を厳密に運用すれば環境上の問題を生じないが、開発圧力あるいは市街地発展の動向を目にすると、市街地の連担という悪い傾向を生み出す。すなわち、

[*8] E3：ガソリンに3％のバイオエタノールを混合した自動車用燃料。

串刺しにされた団子の隙間がすべて市街化されて、自然地や緑地が消えてしまう恐れである。こうなるとコンパクト都市ではなく、一次元で見れば、市街地が連担した表札型の羊羹の形である。

過剰な市街地化を避けるには、早期にフリンジ(周辺)に田園に相応しい活動の受け皿を用意して、低密度でこそ意味のあるゾーン設定とすることが大事である。すなわち、多くの活動の場をモザイク状に農村と都市の境界部に誘導設置する。都市のフリンジに交流系施設、観光農園、自然体験ゾーン等を設置するとともに、農村工業のゾーン設置で、空間的に結び付けを図る。こうすれば、農村的空間を主要な交通軸が横切る所では、土地利用上の競合で結果として自然地が薄くなるのは仕方がないとしても、それに直交する方向には豊かな自然を残して伝えることが可能になる。

大都市圏においても、古来の道は平野部を通り、平野の残存丘陵は避けて通っており、放射状の交通軸(道から鉄道と自動車道路に)が担う時代になっても、円周上には多くの空地、緑地、丘陵部、池沼等が存在していた。このオープンスペースを成立させる農地の役割を考えると、複合的な機能としての空間を連結し、また重ね合わせ、さらに分離するという多機能を自立的に提供していることが最も特徴的である。

まず、機能純化したレクリエーション用地として見れば都市計画公園のように整備され、安心安全も公的に担保されている方がユーザーには都合が良いかもしれない。また、丘陵や池沼のように自然地を広く維持することができれば、生物の棲息にとってはより都合の良い生態環境を提供すると考えることができる。しかし、このいずれの用途も純化させる形で維持し管理するには、公的な主体が関わり、コストを要するうえに、細やかな関心を持ち続けるという点からも官僚組織に委ねるのが常に良いとするわけにはいかない。

すなわち、自ら農業生産に必要な自然システム(清浄な用水や土壌等)の維持を行いつつ、同時に地産地消型の新鮮農作物を都市居住者に提供し、そのうえで、市民農園を併設し、あるいは学校農園(教育苑)としても機能することで、多機能を低廉なコストで維持しうる。水路や鎮守の森をも農地の中に点在させて、しかもその維持には地域共同体で行うことで、身近な環境づくりにも寄与しうる。滋賀県の進める環境保全型農業、あるいは生き物(魚)を育てる農業は、そのような趣旨で展開されている。

都市近郊の農地を形式的には基幹的な食料用米作地と同等の位置付けで所得補償する方式により農家を救おうとすれば、それは趣旨が異なる。むしろ、これらの農地としての所有は、都市のフリンジで宅地用途に供しないと約束されることに応じて成立する所有形態として模索されるべきである。宅地並みの課税やそれによる宅地化の圧力から離れることによって、手を加えつつ自然機能を継承した緑の骨格として緑のマスタープランに描かれることになる。

6. 都市・農村の連携の第四の強化点は「ファイナンス連携型」

　国際交易を活性化する目的のもと関税撤廃の動きが急であり、国内農業への影響が懸念されている。個々の農産物で地産地消を選択しうるほどにその価値と存在が明白になっている場合には、市場に委ねるだけで地産地消の環境配慮型農産物が市場で優位にたつ。しかし、現実には資源循環で栽培され、ライフサイクルから見ても低炭素となる産品を供給するには、その経営資源が不足している状況はしばしば見られる。

　このような状況では、供給者と需要者の意向を繋ぎ、バリューチェーンを具現化するコーディネータの役割が強調される。商社や流通業の役割がそこでは重要であるが、近年では農業従事への人材供給やブランド価値の形成（産地のアイデンティティ）に加えて、リスクのある新規事業への投融資に期待する動きも強い。この場合のリスクに打ち勝つとは、一般的な貸し倒れや損失の発生というより、環境価値を高める事業が相対的に曝されやすい世評、すなわち「理念は良いが利益は出ない」という世評に打ち勝つことである。

　農村の基盤強化に必要な資金を国民経済として提供して、自由貿易で得られる国益からの経済循環を考える政策は近年示されているが、その循環の道筋は明確ではない。すなわち、FTA、ETAやTPPに伴う関税撤廃がもたらす農業への影響を和らげ、農業の基盤強化を図る政策が農家への個別補償の舞台に移っているが、そのパフォーマンスの継続性は乏しく、国内農産品の価値向上に繋がっていない。

　海外から輸入する農作物の場合、大規模農場での肥料等の投下（化石燃料消費に繋がる）と土壌の酷使、長距離輸送による影響（害虫駆除等への化学薬品投与やエネルギーコストの増大）等、全体として環境負荷が増大していると判断できる時には、市場価格のみならず、むしろフルコスト（輸出国の輸出奨励金相当分等の未勘定分

を加算）やトータルコスト（表土流出や地下水位の低下等の社会的費用を加算）によってその安価さを総合的に評価すべきということになる。

　産地直送での管理の見通しを得られやすい側面を活かし、国内産のグリーンな農産物をよりいっそう多く流通させるには、次に述べるフットプリント系の評価項目での観察、計測、評定を系統的に行うとともに、その環境面の評価の高いグリーンな農産物にラベルを付け、その流通をICT[*9]でフォローするバリューチェーンのマネジメントを行い、さらにその流通を形成するビジネスを始める資金的な支援まで行うことが必要となっている。これをグリーンファイナンス[*10]と呼び、以前の環境投資よりも仕組みの形成力を強くしたものにしようとしている。すなわち、流通市場を形成維持する工夫の中で、国内農業に不利となっているファイナンスを強化して、健康や安全を志向する都市の需要に応えていくものであり、ファイナンス連携による都市・農村の相互充足ともいえる。

7. 都市・農村の連携の第五の強化点は「フットプリント連携型」

　都市の活動は自らの需要によって内外に発生する様々の環境負荷に対する応分の責任を果たしてゆくという意味で連携することが必要であり、かつライフサイクルの影響を削減することで世界に貢献しうる。フットプリントの標識としては、これまでもエコロジカル・リュックサック（ecological rucksac；ER）、水フットプリント（water footprint；WF）[*11]、二酸化炭素フットプリント（carbon footprint；CF）、それにエコロジカル・フットプリント（EF）等が提案されてきた。

＊9　ICT：information and communication technology。情報通信技術。
＊10　グリーンファイナンス（green finance）は、ブラックファイナンスと対比して二酸化炭素削減や再生可能なエネルギー需給を促進する金融投資として描かれることが多い。しかし、Green Growth を展望する枠組みの中でも、韓国は自由貿易の関税撤廃の中で苦境にある農業部門に対して、2020年にはバイオエネルギー供給を15.7％（07年に6.6％）に、環境配慮農業の割合を15％（07年に3.0％）に上げることを謳い、2010年春に策定した「低炭素型のグリーン成長の枠組み法」に基づいて農業振興も図っている。
＊11　水フットプリント（water footprint）は、降雨の農業用水としての利用（蒸発散）と域外からの灌漑等による農業用水の利用（蒸発散）、さらに、農産物等の加工等の製造プロセスでの廃水を浄化する希釈水相当量を区分しつつ、勘定するもの。農産物等の製品ごとに水フットプリントを計算するサービスまである（WWW.waterfootprint.org/）。

このうち、エコロジカル・フットプリントは、農産物の供給に要する資源としての土地や水面を表現するのに相応しい指標として活用されている。国レベルに加えて都市レベルの総人口が消費する財について勘定する体系が提供されている。特に食糧のメニューごとに値を計算するサービスも提供され、その負荷の小さい代替案を選ぶことも可能となっている。ただし、フットプリント指標の本質的な制約から、原単位方式のインベントリ(目録)の構成は可能な限り共通性の高いものとされており、その原単位が変化するようなグリーン・イノベーションは逐一計算し直す必要がある。

　因みに、日本国内の産地農村のモデルをA、Bとし、海外産地をC、Dとした時、よりグリーンな産直型農産物Aと他の農産物との違いには、次のものが計上される。

① 農業用水消費を支える水資源の開発と操作に伴う地域固有の負荷量
② 単位作物量当り農地の開発維持に由来する地域固有の負荷量
③ 作物栽培のための農機械の提供に由来する地域固有の負荷量
④ 作物栽培のために投入される材料の提供に由来する地域固有の負荷量
⑤ 流通時の包装や副資材(加工物の添加資材等)の提供に由来する負荷量
⑥ 需要地までの輸送(輸送中品質保持等の追加的所作を含む)に由来する負荷量
⑦ 作物の消費および廃棄に由来する地域固有の負荷量

　この中で、環境負荷を土地(空間)占有量として、その相対的に大きい海外産地Dを他と区別することは可能である。しかし、相対的に小さい土地占有であっても、表面土壌の流亡が生じているとか、あるいは枯渇しがちな地下水を過剰汲み上げしているとかの事情は、①、②の項目に反映させ、かつ減耗した分を清浄な土地の補充で償う形の補償量で表す形をとる必要がある。すなわち、単純に原単位に乗じる規模の差だけでは、グリーン製品の差異を表現できない。

　こうしてみると、都市の需要サイドから安心安全の産直を進めていく場合の社会的便益(環境便益)を計量する時には、該当する都市・農村連携品について、以上の7つの類型ごとに、化石燃料消費による効果の大きい二酸化炭素量(CF)、栽培の粗放性に起因し集水域に負担をかける形で占有する土地面積(EF)、そして非循環的農法で消耗財を投入する効果の大きい資源消費量を勘定することに注力することが必要となる。また、水資源が逼迫する状況では、資源の中で水だけを水フットプリントとして取り出して違いを示すことも欠かせない。いずれにしても、「グリーンはいかほどグリーンか」という問いに答える説明責任が、情報的意味での都市・農

村連携の目指す業務となろう。

8. 都市・農村の連携の第六の強化点は「自然資源サービス連携型」

　農村は自然資源を提供し、そのサービスの多くを都市が受け取っている。この関係については、ミレニアム・エコシステム・アセスメント（Milennium Ecosystem Assessment：ミレニアム生態系評価）を通して4つの自然サービスとして明確にされた。また、UNEPは『生態系と生物多様性の経済学（TEEB）[*12]』を発刊し、自然サービスをただで利用する代わりに代価を支払うべきと提案した。WBCSD[*13]はWRI[*14]と共同でCESR[*15]（企業のエコシステムサービスの評価）を提案し、企業が自ら評価する方式を開発している。

　名古屋市で開催された生物多様性条約国会議COP10では、生物資源の利用の加工に伴う便益のどこまでが原産国（供給側）に帰属するかをめぐって論議され、他の案件とともに一応の合意（愛知議定書）に達した。遺伝子資源の固有性とその加工技術を支える知識の高度性のいずれにも価値を認めるのが常識的ではあるが、その線引きはケースバイケースに知見を重ねて確定していかざるをえない。

　都市・農村連携で見ると、むしろ都市に事業企画の本拠を置く食品・飲料のグローバル企業が地球的規模で自らの係る生態系サービスの特定、計測、そしてサービスの持続可能性から見た診断、そして政策実行を積極的に進めていることが印象的である。例えば、自社の飲料を提供するうえで、淡水資源を利用することは不可避であるだけに、現在および将来にわたり関わりのある水源域が涵養されている便益（ビジネス上流）を同定、計量し、それに対して自らの支払いを積極的に図っていて、さらに集水域での集落での消費活動（自らの販売商品の消費を含む）によってもたらされる水質の劣化に責任（ビジネス下流）を持つためには、販売先の途上国の水

[*12] TEEB：The Economics of Ecosystems & Biodiversity。UNEPが発刊し、その過程ではドイツ政府が支援し、WBCSDとWRIによる取りまとめがなされた報告書で、「生態系サービスと生物多様性の経済学」として取りまとめられたものである（www.teebweb.org/）。
[*13] WBCSD：The World Business Council for Sustainable Development。持続可能な開発のための世界経済人会議（www.teebweb.org/）。
[*14] WRI：World Resources Institute。世界資源研究所（www.wri.org/）。
[*15] CESR：Corporate Ecosystem Services Review。企業の生態系サービスの評価（www.wri.org/）。

道や衛生施設の普及(時には衛生思想の普及のための学校建設まで)をもビジネス活動の一環として積極的に取り組んでいる姿である。

　水資源の枯渇が地球規模の気候変動の中で深刻化することを意識して、産業界が水フットプリントのネットワークを形成するのを支援し、自然資源のサービスを通して利用側(グローバルな文脈では需要側とは多分に先進国側の色彩が強い)の責任を果たそうとしているのも、同じ趣旨である。

　水ビジネスの単位をいかに見るかでグローバリズムの意識に差が顕著である。水処理膜の世界シェアの過半を日本が有するとして一兆円産業、そして水処理機器エンジニアリング産業では一桁大きくなるが、そこでは日本の競争力は劣る。さらに一桁大きい水浄水供給システムでは2大メジャーに全く歯が立たないうえに、飲料・食品大手の欧米多国籍企業の前では日本国内の飲料・食品企業の「生物多様性戦略」あるいは「持続可能な消費と生産の戦略」はいまだ開発途上にあると言わざるを得ない。

　生物資源のうちで加工食品、機能性食品、健康食品等に利用されるものを巡っては、付加価値が高いだけに支払い意思額も大きく、生物生態系サービスの維持に消費サイドあるいは都市側から負担しようという資金あるいは事業の流れが太くなることが期待される。

　この点では、後に論じられる研究対象の「トチュウの森づくり」は、生物資源サービスの維持にとって示唆するところが大きい。このケースでは、生物資材としての提供サービスは市場を通して代価が支払われるが、健康増進機能は経験的に産地で確認されてきただけに、そのプロセスを含めて知識価値は現地に属する形で取り引きされている。

　ここに加わる天然ゴム形成機能は、育苗過程で遺伝子選択を強化したことにより得られた効能であるが、元はと言えば生物資源のサービスを源とする。この便益に対する支払いは、化石原料からの合成ゴムに比較した時の二酸化炭素フットプリントの大幅な差に相当する金銭評価によって大きく変わるというのが後の章に示した結論である。

　もちろん、現実的には炭素価格がt当り1,000円のオーダーで推移している状況では、トチュウの森から産出される天然ゴムが合成ゴムの市場に食い込むことは容易ではない。化学品として衛生や健康、安心の視点がより重視される分野での利用を企画し、さらに既に実績のあるトチュウ雄花茶、トチュウエキス等の利用を併用

することで、トチュウの森の生産域としての経済的継続性は確保されると期待される。

　また、農村の産業として換金用のタバコ栽培以外に養える産業のない黄土高原の当該地域(トチュウの森づくり地域)にとって、相対的には高い賃労働の機会を提供していることから、都市との収入の差を縮小していく課題で将来的にも残るリスクはあるものの、昼間に働くプランテーションの労働集約形態(南洋ゴムでは夜明け前の過酷な労働)の差異で地域社会の維持に貢献することも期待される。

　最も注目すべきは、環境的持続可能性である。すなわち、トチュウの森がハリエンジュの森(以前の退耕還林政策の当該地の主要樹種)と比較して優れているのは、炭素固定量(植生成長量)では若干劣るが、土壌流出防止の作用を維持しつつ、そのうえでの林層の下草の豊かさであり、花をつけることにより昆虫の棲息にも貢献していることである。食糧用の農地(トウモロコシ等)との棲み分けや森林として再生を図るエリアとのゾーニング等、林地と農地を組み合わせる実務的な工夫が必要ではあるが、生物多様性の面で大いに改善があったと考えられる。その定量的解釈はこの後章に譲るが、都市の需要に応じて生物産品を供給する農村域のサービスの継続性、サービスの代価について肯定的に評価することのできる例となっている。

　もちろん、樹林の炭素吸収量、土壌の炭素固定量等の炭素バランスを通して、生物の多様性サービスを高めることが低炭素型の農村運営、あるいは低炭素型のバリューチェーン(都市農村のプロダクトチェーン)を成立させていることに繋がっていることを示している。これはプリミティブではあるが、いわゆるコベネフィットの方向性を獲得したものといえよう。

9. おわりに

　本稿は、都市と農村の連携の型を6つに類型化し、そのそれぞれを概説するとともに、プロジェクトとして展開した、北海道、そして中国のパイロットスタディについてその連携の型の面から若干の解釈を行った。パイロットとしての言及はそれぞれの著者による詳細で的確な論点によってなされるので、本稿はその入り口と解釈していただきたい。

　6つの類型のうち、農村的要素を強化して都市自身の資源や食糧の供給の自立性を高めるアプローチをとる自立型連携は、経済地理学的な意味でも古典的な像であ

り、理念的な性格であるといえる。第二の業の連携による都市・農村連携では、まず農村自身が森林、畜産、穀物栽培、蔬菜栽培、水田耕作等の適度な混合により連携の実が上がることに触れた。さらに食品加工、観光、体験、健康福祉等の高次産業化を図るべきところについては、本稿では割愛し、他章の論述に譲った。

同じく、農村工業として、いわゆる野菜工場、あるいは自然資源を活用した製造業、エネルギー産業(特にメタン発酵を活かした農村エネルギーの供給)等の展開についてもきわめて興味深い話題が多いが、本稿の範囲としていない。特に畜産廃棄物や食品残差(廃棄物)等の発生に対して、木質系のバイオマスを加えたバイオマス活用計画が国内各地で展開されており、その基本は業の連携によるものといってよいだろう。

第三の空間結合による都市・農村の連携強化は、膨張しやすい市街地の適切な成長コントロールであり、時に広がり過ぎた圏域では縮退プランニングとしても試みられる。すなわち、コンパクトな都市と活力ある農村域をセットにした姿を求めようとしたものである。都市圏や国土幹線に沿った都市のガバナンスにとって、空間的分離と結合は常に意識されるものである。

続く3つの論点は見えない関係だが、都市・農村の在りようを支配している経済(資金)面、さらに広義の環境面、それから農村や農業の最も典型なサービスとしての生態系サービスの面から、農村あるいは田園が需要サイドの都市と正当に関係を取り結ぶうえでの課題を論じたものである。このうち、資金的経済的側面の重篤さを解く処方箋は持ち合わせていない。マイクロファイナンス的ではあるが、グリーンな産品の供給モデルを積み上げていくことだけを強調した。

環境学や環境政策の側面では、フットプリント情報を活用した都市・農村連携についてかなりのスペースを割き、環境負荷の小さい農産物あるいはバリューチェーンをデザインする枠組みを述べ、特にライフサイクルで考える各種のフットプリント系の指標の意義を「都市・農村の連携」の視点から整理した。本書のシナリオやベンチマークを論じた箇所は、そのようなツールの開発を目指して行われたものと読者には理解していただきたい。

最後に、生物生態系の持続可能なサービスの範囲内で食糧や各種の生活資材を利用・消費することが望まれていることを理念的に述べた。すなわち、健全で活力ある自然資源サービスを継続する都市・農村の連携がそのテーマとなっている。しかし、これはCOP10のターゲットでもあり、また、いまだその構図が明らかにされ

てはいない課題でもある。そこで、トチュウの森を対象に、その生態系サービスが継続する姿として予備的に考察した。なお、本稿は本書の導入部であり、分担執筆者の成果を文脈重視で組み替えていることを断っておく。

都市・農村の連携は古くて新しいテーマであるが、英文出版の「循環型社会形成論」*16 と併せて解釈してほしい。

---

*16 国連大学出版局を通したサステイナビリティ学連携機構の数冊の成果のうち、循環型社会形成を扱った出版物。
Tohru Morioka, Keisuke Hanaki and Yuichi Moriguchi：Establishing a resources-circulating society in Asia;Challenges and opportunities, 1-396, United Nations University Press, 2011.

第Ⅰ部　都市と農村の連携のあるべき姿

1. 都市・農村連携の概念整理

　都市と農村に関わる問題は古くて新しく、様々な分野における議論が、時代性を反映しながら今日まで続いている。本章では、まず都市と農村の概念と定義について整理を行う。続いて、都市・農村連携に繋がる系譜として、近代の日本における都市・農村論の変遷および近年の関連政策の試みを概観する。そのうえで、低炭素社会の構築に向けた、これからの都市と農村の関係性の在り方について再検討したい。

1.1　都市と農村の対比

　今日、都市と農村は当然のように対概念の思惟様式として認識されることが多い。しかしながら、この認識は近代以前においては必ずしも明瞭ではなく、17世紀以降になってようやく、農村に対する都市生活の比重が増大したことによって、都市と農村が対概念として捉えられるようになる[1]。このいわゆる「対比の理論」は、比較の次元や対比に用いられた言葉も異なるものの、その対概念の比較によって都市（あるいは農村）を分析するという方法論として長い歴史を持っている。典型的には、大きく分けて、二分法的概念か連続的概念のどちらかとして整理されている[2]が、若林[3]が論じているように「『都市』とは一次的な共同体であるムラの外部に、それらのムラを媒介し、同時にムラに対して超越する審級として析出されてくる二次的な社会体である」といった、より構造的な視点による整理の試みも見られる[1]。また、二分法的関係と相互作用的関係の2つに分けた後、弁証法論理学の考え方で現実の

地域を捉えようとする整理も提案されている[4]。

ここで注目したいのは、明治末期の柳田國男や横井時敬の言説[1,5]、大平正芳の「田園都市国家の構想」(1980年)政策研究会での発言録[6]に見られるような、都市と農村を相互に補完的なものとして捉える視点である。本稿の主題である「都市・農村連携」といった場合には、この相補的な視点から都市と農村の関係性を論じるという立場をとって整理を進めるとしよう。

当然、この「対比の理論」への批判もあり、例えば、デューイは都市・農村の対比の理論に関する18の書籍・論文の分析から、すべての著者が共通して承認する都市性の要素は一つもないことを検証し、その異質性という特徴のみ唯一大多数によって指摘されたとして、対比の理論を批判している[2]。確かに、都市と農村の概念は具体的な要素に落とし込んで議論しようとすると捉えどころがなくなるという側面もある。さらに、刻々と動的かつ多様な形態で進行する都市化、混住化[7]、郊外化、農村の都市化[4]、逆都市化といった現象をどのように捉えるべきかといったことも、この概念整理の問題を複雑にしている。

1.2 統計上の定義

国連の推計では、2008年末までに世界人口の半数が都市部に集中して居住するようになったと公表されている[8]。すなわち、農村に対する比重を増大し続けていた都市が、人口比率で言えば、ついに初めて農村と並び、都市と農村の人口がほぼ同数となったと推計された。前述のとおり、様々な議論が残るものの、このように統計上は都市と農村の分類が行われている。ただし、その分類に関して国際的に合意のとれた統一された定義はなく、国別に異なる判断基準を採用している。代表的な判断基準として、人口規模・密度、市街地(建物密集地域)からの距離、産業構造、行政区域、特殊なサービス・建物といった都市的特性の有無等が挙げられる[9]。

本稿では、アジア、特に日本と中国を対象に都市と農村の関係性を考察するため、以下にはその2ヵ国についての統計上の定義を記述しておく。

日本では、1960年から、都市的地域を表す統計上の地域単位として、総務省が実施している国勢調査において設定される「人口集中地区(DID)[*1]」という指標が用

---

*1 DID：Densely inhabited district

いられている。人口集中地区の定義は、市区町村の区域内で人口密度が4,000人/km^{2}以上の基本単位区が互いに隣接して人口が5,000人以上となる地区である。ただし、空港、港湾、工業地帯、公園等の都市的傾向の強い基本単位区は人口密度が低くても人口集中地区とされる[10]。戸籍上の都市住民と農民の区分はない。

一方、中国では、1955年に国務院より「都市農村区分基準についての規定」が公布され、1958年には国民を農村戸籍と非農民戸籍に大別して人口流動を管理する「戸口登記管理条例」が制定されている。人口の都市集中を避けるため、原則として農村戸籍の者は農業に従事し、都市に働きに出る場合は事前に都市での労働許可証取得が必要となるが、現在は運用に一定の緩和があり、都市への移動は比較的自由にできるようになっている。また、地域に対応する概念として、「城市・城鎮・農村・郷村」があるが、様々な経緯から定義が曖昧なままであり、使用に混乱をきたしているという状況である[11]。

1.3 日本の都市・農村と国土政策

20世紀以降、都市と農村の相互補完、採長補短を論じて、その併存を主張する議論が幾度となく起こっている。都市における消費拡大と人口集中、それに伴う農村から都市への人口流入、農村の人口減少を背景として、都市・農村間の各種格差拡大に対する問題意識がそれらに共通する契機となっている。

日本において活発に都市・農村論が論ぜられた時代としては、戦前では明治末期と昭和初期、戦後の高度経済成長期が挙げられる[5]。これらの時期はその前後と比較して経済成長率が高く、経済社会の変化に対応していると考えられる。

明治末期は、工業労働者を中心とする都市住民の人口増加が著しいが、農村人口も耕地面積の増加とともに着実に増加している時期である。当初東京のみに適用されていた都市政策が逐次各地の大都市に適用され、近代都市計画や労働政策の導入が始まる。ここでの議論は、後に大正に入ってから「都市計画法」および「市街地建築物法」として結実した。一方、農村では、明治44年の「町村制改正」や、明治40年代の「町村是（町村計画）」等、町村を財政・行政的に強化する制度と運動が進められた。

昭和初期には、国民純生産に占める工業の比重が農業を追い越し、工業と農業の勢力が逆転した。また、都市政策は次第に大都市から地方へ及び、全国的な都市形

成が起こっていく。一方の農村は、金融恐慌をきっかけに、繭価の下落や米価の低迷が起こり疲弊した。これに対して、政府による経済更生と呼ばれる農村の自力更生施策が進められたが、戦時体制が強化されるにつれて、影をひそめていく。

　戦後の高度経済成長期は、これまでの時代と比べて、都市の膨張が非常に大規模なものとなった。その都市人口増加の大部分が農村からの若年層の流入によるものであったため、それに伴って農村の急激な人口減少とその年齢構成が不均衡となる状況が起きた。また、大都市近郊を中心にスプロール化が進み、都市と農村の接触がかつてないほどに広範化した。この事態を受けて、都市側では「新都市計画法」による地域・地区制の導入、農村側では「農業振興地域の整備に関する法律」に伴うゾーニングによる、土地利用と人口配置の誘導施策が試みられた。また、国土利用計画の観点から、地域間の均衡ある発展を図ることを目標とした「全国総合開発計画」が1962年に制定され[12]、以来約50年間で、5つの全国総合開発計画がつくられている。1972年には，田中角栄により「日本列島改造論」が提唱される[6,13,14]。

　続く、ポスト戦後（1970年代後半〜）においては、高度経済成長期に都市に流入した若年層の住居形態が、必然的に団地やマイホームの段階へと変化していく過程を通じて、地方都市近郊の農村が急激に市街地化する現象が起こった。都市でもなく、農村でもない、郊外と呼ばれる均質な空間が日本中を覆っていった[15]。郊外化による問題点として、都市の中心市街地の空洞化、近郊農村や森林の減少、移動距離の増加に伴うエネルギー消費の増加等が挙げられる。この郊外化の大きな要因のひとつは、前述の「日本列島改造論」、「田園都市国家の構想」および第五次の全国総合開発計画である「21世紀の国土のグランドデザイン」（1998年閣議決定）等の国土行政による地域政策であり、これが都市と農村の格差是正による国土の均衡ある発展を標榜する「田園都市」構想の下に行われてきたという三浦の指摘[6]は、いかに高尚な構想でも、利権構造の中にあって、実際には格差拡大や地域固有性の喪失が日本全土で進められてきたという、これまでの現実を表している。

　ポスト戦後とも重なるが、グローバリゼーションの進む時代における都市と農村の問題として、資本の内外直接投資が本格的に開始した1980年代後半以降についても見ていきたい。この時期、これまで経済成長期に起こっていた地方から大都市へ集中する人口流動パターンが崩れ、不況期においても列島周縁部を中心に人口が減少するという構造転換が初めて起こった。これは農村地域の基幹産業をなしていた農林水産業や製造業等の生産機能を中心とした産業が、サービス産業にとって代

1. 農村産業：新しい仕組みと挑戦

わられて後退したことによる、就業機会の減少に起因する。岡田はこの最大の要因を、海外直接投資の急増に象徴される資本蓄積の国際化、および、多国籍企業のグローバルな規模での蓄積活動を支援する政策の国際化の「二重の国際化」であると指摘している[16]。生産機能の海外移転によって、農村の分工場や地方都市の支店が閉鎖し、投資収益が大都市に集中し、大都市では本社機能の集積による国内外からの所得移転によって経済活動がなされるようになった。また、経済構造調整政策による輸入促進対象は、農産物や中小企業製品、地場産業製品であり、国内の農業や地場産業の衰退により、農村を中心に人口減少が深刻化していく。加えて、その後のガット・ウルグアイ・ラウンド妥結によって、農産物の輸入は大幅に増大し、さらに減反政策や米価の低落により、農家所得の減少、農家人口の減少が深刻化している。

1.4　近年における産業・省庁間の連携

　ここまで、20世紀における日本の都市・農村論と国土政策について俯瞰してきたが、新たに地球環境や生態系に対する認識の高まりも相まって、改めて、農村の多面的価値や都市・農村の関係性が問い質される重要な時代に差しかかっていることは間違いないであろう。

　ここでは、そのような状況下における「都市・農村連携」の萌芽として捉えることができる関連政策について若干触れておきたい。

　まず、農村の基幹産業である農林水産業と、都市の商工業の連携による地域経済の活性化施策として取り組まれている「農商工連携」である。例えば、マーケティングに基づく地域農産品の開発、流通販路の開拓、生産性向上等が期待されている。ここでも古くは1929年の柳田國男らによる「農商工鼎立併進論」の系譜[17]に始まると考えられるが、2008年に「農商工等連携促進法」が施行され、農林水産省と経済産業省の共同支援による取組みが始まっている。さらなる促進のためには、他の省庁や機関、地方行政や市民を巻き込んで、農林水産品の生産から消費までを繋げる取組みが重要であると指摘されている。第一次・第二次・第三次産業を足し合わせて6になることをもじった「第六次産業」という経営形態も、農林水産業の高付加価値化による活性化を標榜するという点で類似のキーワードである。

　また、農林水産省と厚生省の所管事業を併せ行った施策の先例として、豊橋市「都

市農村環境結合計画(URECS)＊2」(1974年策定)[18,19]が挙げられる。これは、都市行政による廃棄物の適正処理と、そこから発生する熱エネルギーまたは有機堆肥を農村に還元することで、都市の環境整備と農業振興を併せ行い、また廃棄物を再生資源として活用する清掃行政を進めることを目的として実施された。物質代謝の観点から、総合的に都市・農村連携を計画した先駆的な事例として位置付けることができる。

有機資源の物質代謝に加えて、農村活性化等の観点からは、その発生から利用までを最適プロセスで結ぶ総合利活用システムの構築を目指す「バイオマス・ニッポン総合戦略」(2002年策定)が、農林水産省をはじめとする関係府省が協力して推進されている。また、耕畜連携等の資源循環型農業の取組みも始まっているが、食品廃棄物や下水汚泥の堆肥化による化学肥料の使用量削減や、エネルギー転換を検討するためには、都市側との地域連携が重要となってくる。

都市・農村間の人の移動に着目した参考事例として、農村のグリーンツーリズムや二地域居住、定住等を含む「都市・農村交流」[20,21]が挙げられる。農林水産省の都市農村交流課が窓口となり、2003年に「都市と農山漁村の共生・対流推進会議」が発足し、都市と農村を双方向に行き交い、双方の生活文化を楽しむライフスタイルの国民運動が起こっている。

現在、このように「都市・農村連携」として関連付けることができるような様々な取組みが活発化してきている。それぞれ着眼点は異なるが、グローバリゼーション、情報化社会、そして地方分権改革の進行する時代にあって、これまでの都市・農村論による国土政策にはあまり見受けられなかった、「地域多様性」の価値を重要視した都市・農村連携への期待の高まりを汲み取ることができる。

1.5 低炭素社会の都市・農村連携

最後に、以上の整理を踏まえたうえで、低炭素社会の構築に向けた、都市・農村連携の形態について検討してみたい。低炭素社会とは、非化石燃料依存型の社会の

＊2　URECS：Urban and Rural Environmental Complex System。ユーレックス。
　津田和俊・梅田靖：低炭素社会における都市・農村連携の概念整理、環境技術、Vol.39、No.9、2-6、2010。

ことを指すが、化石燃料を基盤にして集中効率化を図ってきたこれまでの社会から、自然資本を基盤とする分散型の社会に移行していくためには、同時に循環型社会や自然共生社会との統合的な取組みを図っていくことが重要であると考えられている。このような社会の構築に向けた都市・農村連携の形態案を表-I.1に整理した。

ここでは、都市と農村を相対概念あるいは機能概念として捉え、特に生活基盤の観点から9の項目について都市と農村の傾向を整理し、都市・農村間の地域連携の形態案を整理している。当然、この限りではなく、また、実際にはそれぞれの形態案は複合的に展開されることが考えられる。この整理の過程を通して、持続可能社会の構築に向けた、現代における都市・農村連携を以下のように再定義した。

「都市・農村間の格差是正（低格差状態）、互いの特徴を活かした共益状態、都市機能と農村機能の近接享受状態、農村の土台である生態系サービスシステムの協働保全の状態になるような、都市・農村間のマテリアル・エネルギー・お金・情報・人の循環ネットワーク」

自然資本の宝庫でもある、農村の多面的機能の再評価から、都市に対する相対的

表-I.1　都市と農村の特徴および都市・農村連携の形態案

項　目	都　市	農　村	都市・農村連携の形態案
人口	過密	過疎	人口や統治機能の分散・最適化、二地域居住・半定住
産業構造	工業・商業	農林水産業	農商工連携、都市農業／園芸、農村の自然資源による工業化
経済・所得	比較的高所得	比較的低所得	資金メカニズムの導入、地方財政の増強
医療福祉	大規模集約施設	在宅医療・地域福祉	地域密着型医療・地域医療計画、森林医学・園芸療法の展開
観光資源	街並み、文化遺産、複合商業施設	自然の原風景・ランドスケープ	グリーンツーリズム、地域滞在型観光
地理特性	沿岸部、平野部	中山間地域、平野部	地域特性に沿った土地利用計画、コンパクト化と輸送最適化
水利用・管理	生活用、工業用	灌漑・農業生産工程用	エネルギー・灌漑のための貯水、流域圏の水管理、植林管理計画
食・料理	世界各地の食材を扱った料理	地域自然の恵みを活かした郷土料理	直売市場の開拓、産地直送、フードマイレージの最小化
バイオマス	食品系、下水汚泥系	農業系、畜産系、木質系、水産系、プランテーション系	地域循環利活用システムの構築

な関係性が対等となり、互いに豊かな暮らしを享受することが実現した望むべき将来の状態に向けて、都市・農村の地域間の多様なネットワークの再構築が求められるであろう。

文　献

1) 植田和弘編：都市とは何か－岩波講座 都市の再生を考える（吉見俊哉；都市の爆発と死、104-109)、岩波書店、2005。
2) レオナード・ライスマン、星野郁美訳：新しい都市理論 工業社会の都市過程、鹿島出版会、1968。
3) 若林幹夫：熱い都市 冷たい都市、弘文堂、1992。
4) 青木伸好：地域の概念－都市と農村の関係において、大明堂、1985。
5) 坂田期雄編：明日の都市 3 都市と農村（谷野陽；都市・農村論と農村整備、257-277)、中央法規出版、1980。
6) 三浦展：ファスト風土化する日本－郊外化とその病理、洋泉社、2004。
7) 坂田期雄編：明日の都市 3 都市と農村（蓮見音彦；混住社会の拡大、85-87)、中央法規出版、1980。
8) United Nations Department of Economics and Social Affairs/Population Division：World Urbanization Prospects:The 2007 Revision, 2008。
9) United Nations Statistics Division：Social Indicators, Demographic and Social Statistics（オンライン）, http://unstats.un.org/unsd/Demographic/Products/socind/hum-sets.htm（参照 2010.07.07）
10) 氷見山幸夫、森下祐作：DID 統計から見た 1960 年以降の日本の都市化、北海道教育大学大雪山自然教育研究施設研究報告、37、37-52、2003。
11) 劉冠生：城市 城鎮 農村 郷村概念的理解与使用問題、山東理工大学学報（社会科学版）、21、(1)、54-57、2005。
12) 島崎稔編：現代日本の都市と農村（島崎稔；総論 戦後日本の都市と農村、1-15）、大月書店、1978。
13) 西川一誠：「ふるさと」の発想─地方の力を活かす、岩波書店、2009。
14) 田中角栄：日本列島改造論、日刊工業新聞社、1972。
15) 吉見俊哉：ポスト戦後社会－シリーズ日本近現代史、岩波書店、2009。
16) 植田和弘編：グローバル化時代の都市－岩波講座 都市の再生を考える（岡田知弘；グローバル化時代の都市、45-69)、岩波書店、2005。
17) 岩本由輝：日本における農商工鼎立併進論の系譜；横井時敬・新渡戸稲造・松崎蔵之助・柳田國男・河上肇、山形大学紀要 社会科学、17、(2)、243-261、1987。
18) ブランドグループ編：都市社会の循環構造計画 廃棄物問題からのアプローチ、講談社、1974。
19) 山田登喜雄：豊橋ユーレックス（URECS）計画、季刊・環境研究、29、146-156、1980。
20) 大江靖雄：都市農村交流による農村経済の多角化、農林業問題研究、34、(3)、124-132、1998。
21) 徳野貞雄：農山村振興と都市農村交流活動の類型化、熊本大学 文学部論叢、96、67-79、2008。

2. 低炭素社会構築を目指すための農林水産業を中心とした業結合

　近年、地球温暖化問題は人類が直面する喫緊の課題であるとの認識が高まっており、気候変動に関する政府間パネル(IPCC)の第4次評価報告書においても温暖化に伴う様々なリスクが指摘されている。このような状況の中、気候変動枠組条約に2009年段階で193ヵ国とEUが加盟しているなど、低炭素社会の実現に向けた取組みが本格化している。

　低炭素社会に向けての転換は、莫大なエネルギー消費の上に成り立つ従来の都市形態の延長線では実現困難であり、何らかの変革が必要であるとの見解で一致する。

　このようなことから、都市の低炭素化が重要課題となるが、これら取組みによる成功事例はまだ少なく、施策を推進していく道筋はいまだ不透明である。さらに低炭素社会へ向けた目安となる指標が温室効果ガス(主にCO_2)の削減量以外にないのが現状である。CO_2の排出構造は各地域の特性や状況により異なることから、それぞれの地域に適した削減方法も異なり、さらに削減可能なCO_2量も異なると考えられる。よって、CO_2削減量のみを指標とすることでは、各地域の特性に適したうえで低炭素社会に向けての道筋を歩んでいるかどうかを見極めることはできない。

　一方、低炭素社会の実現は、本来、持続可能社会の必要要素として存在するものであり、低炭素化という側面のみの評価では持続可能社会の実現への道筋を示しているとはいえない。すなわち、低炭素社会の実現を目指すための様々な施策は、単に低炭素化という面のみならず、持続可能社会への寄与という真の目的に照らし合わせて見極められるべきであると考えられる。

　このようなことから本稿では、持続可能な低炭素社会実現のために求められる要素を考慮し、今後ますますその重要性が高まると考えられる農林水産業の在り方を位置付けるための枠組みとして、業結合という概念の紹介を行う。

2.1　低炭素社会の形態

　まず、地域特性や持続可能性等の観点を含めたうえで、低炭素社会が具えるべき

と考えられる形態についての考察を行う。

低炭素社会の構造を Herman E. Daly の3原則[1]から考えた場合、自然由来の資源への代替および炭素循環を支える生態系の創生と持続的利用が両立した持続可能システムを構築することがきわめて重要となり、持続的な利用が困難である化石燃料への依存量を減らす必要がある。

すなわち、単に省エネ技術の導入にとどまらず、再生可能エネルギーの導入によるそもそも CO_2 を排出しない循環型社会構造が求められる。このような循環型社会の実現のためには、自然資源の活用が重要となるが、単にバイオマス資源のエネルギー転換のみならず、産業が自然資源を消費するだけでなく養成していくことで持続的に回転していく持続可能な自然共生システムの構築が求められる。

このような持続可能自然共生システムは、一般に人間の生活する都市圏と自然生態圏との共生を意味するものであり、交通や流通、産業等の社会システムと自然生態系システムとの結合の上に成り立つものである。われわれ人類が位置する社会システム側から自然生態圏へアプローチするためには、図-I.1に示す以下の3つの面での社会機能の結合が求められると考えられる[2]。

① 人工空間と自然空間の間で、自然資源を基盤とした物質や情報がシームレスに循環するための空間的構造を構築する空間結合
② その空間結合下で、農に代表される自然資源との関わりの中で生産を担う農

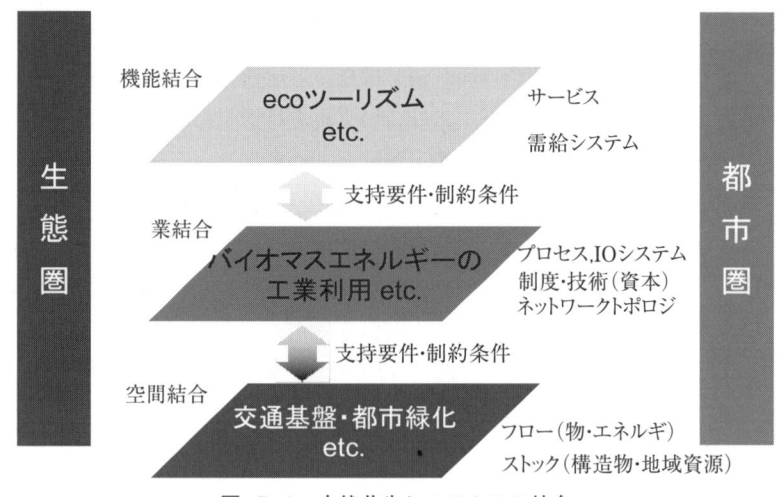

図-I.1 自然共生システムの3結合

2. 低炭素社会構築を目指すための農林水産業を中心とした業結合

林水産業と工に代表される人工物を生産する産業、これらの流通・消費を行う商と民、各産業に関する知恵を生み出す学等が「業」で結合した代謝プロセスを行う業結合

③ その代謝プロセスにより生み出される自然界側からの「自然資源」と都市圏側から供給される工業や経済、娯楽等の「都市基盤サービス」が相補完的に機能を果たすことで、系内の人間の生活の質(quality of life)や生態系とを支え、システム全体で循環構造を構築する機能結合

低炭素社会の達成のための自然生態圏と都市圏の共生のためには、まず自然生態圏と都市圏との間で物質や情報を相互に遣り取りするための空間レベルでのアクセスが基礎となる。このようなことから、自然空間と都市空間との距離を短縮させる、いわゆる田園都市や都市緑化、都市農園等に代表される①空間結合レベルがまず求められる。しかし空間結合単独では、例えば都市緑化を行っても多くの場合において都市の中の生態系システムは貧弱であり、単独では緑を維持できないなど、持続可能ではない。また、空間結合による距離の短縮のみでは、互いの資源を有効に活用できないなどの問題がある。

このようなことから、空間結合の上で、例えばバイオマスエネルギーの工業利用や工業廃熱を利用した農作物栽培等、社会活動が自然生態圏を維持管理していく②業結合を行い、産業全体で自然資源の利活用を循環することが求められる。このような業結合は、一般に自然資源を生業とする農林水産業と他の産業との結合を意味する。

さらに、「空間」と「業」が結合した都市圏から創出される工業や経済、娯楽等の社会活動を支えるサービス機能全体が自然資源を供給する生態系機能と結合する、いわゆるエコツーリズム等に代表される③機能結合を果たすことで、互いに支え合う循環構造を構築する自然共生システムの構築が初めて可能となる。すなわち、自然共生システムとは、経済や文化を含む人の生活全般が、自然生態系システムとの循環を損なわず営むことのできる状態を意味するものである。

これらの3つの結合は、単独では完結せず、相互に関連し合いながら同調的に進行していくものであるが、自然資源が存在しない空間において自然資源を活用する農林水産業と他産業間の業結合は行われることはないなど、①から③へとある程度の支持要件および制約条件を持つものと考えられる。

これら3結合は自然生態圏から社会システムに対して主体的に接近してくること

は期待できないことから、社会システム側からのアプローチとしての制度設計を通じて実現していく必要があり、特に業結合が重要となる。

2.2 低炭素社会における業結合モデルの概要

低炭素社会実現のための業結合を達成するための制度設計を行うためには、現状把握が必要であることから業結合状態を把握するための枠組みをまず提示する。

まず、本稿で提案する業結合モデルは、図-I.2に示すように、自然生態系システムより資源を得る農林水産業と他の産業との連携による生産維持管理プロセスが基本的枠組みとなる。本稿で示すモデルでは「農林水産業」と「企業」、「市民」、「行政」、「研究教育」という業を取り上げたが、これは社会的に最も基本と考えられる大枠を示しているに過ぎず、より細分化可能なものである．

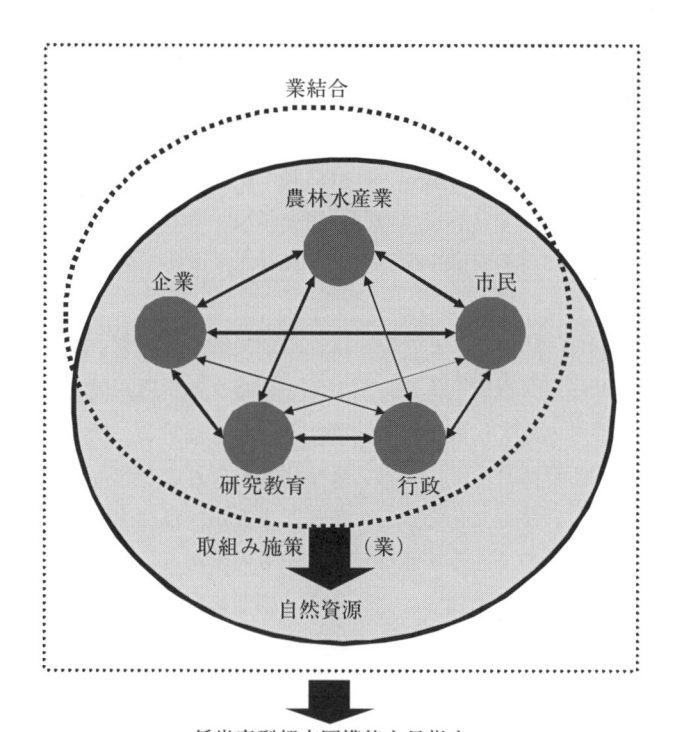

図-I.2 農林水産業を中心とした業結合モデル

業結合モデルは、農林水産業を中心とした社会における自然資源の様々なフローや関係性を示すものであり、物質レベルのI/Oシステムのみを意味するものではなく、排出権取引制度や利用制度としてのコモンズ等のソフト的な繋がりも包含するものである。

2.3 低炭素社会を目指す制度を対象とした業結合の把握

次に、上記で提案した業結合モデルを用い、低炭素社会実現に向けて取り組まれ始めている様々な施策を対象に業結合の現状把握を行う。

まず、わが国の低炭素社会実現に向けた取組みの中心である環境モデル都市を対象に業結合の把握を試みる。環境モデル都市事業は、低炭素都市を構築するための交通やエネルギー、廃棄物、森林保全等の施策を都市レベルの地域特性に合わせて統合することにより、従来の社会経済ステムを根本的に見直し、社会システムの大幅な構造転換により温室効果ガスの大幅削減を図ることを目指しているものである。

環境モデル都市には全国の自治体から82件の提案が応募されており、現状としてのわが国における低炭素社会を目指すための取組みが集約されていると考えられる。また、環境モデル都市は市区町村が応募主体ではあるものの、取組みの推進においては産学官民全体で取り組むことを基本としている。このようなことから、低炭素社会を目指すために重要となる社会システム上で業を営むプレイヤーは網羅されていると考えられることから、業結合の把握が可能となる。

環境モデル都市の82件の応募提案書から、低炭素社会の実現において主に自然生態系との結合を代表する主体である農林水産業に着目し施策を抽出した結果、1,442施策のうち153施策が抽出された。これは環境モデル都市への応募自治体に限定されるものの、農林水産業がプレイヤーとなる取組みは全体の約1割程度であることを示している。中心的な役割を期待されているとは言いがたく、わが国における農林水産業の縮小状態を表しているとも考えられる。

次に、環境モデル都市提案書における農林水産業を中心とした業結合状態をネットワークグラフとして図示化したものを図-Ⅰ.3に示す。ネットワークグラフは、施策数を紐帯(線)の重み付けとするものであり、図の紐帯の太さはノード間(業間)が結合して推進する施策を示すものである。よって、紐帯が太い業間ほど、取組みを推進するにあたり関係性が強いといえる。

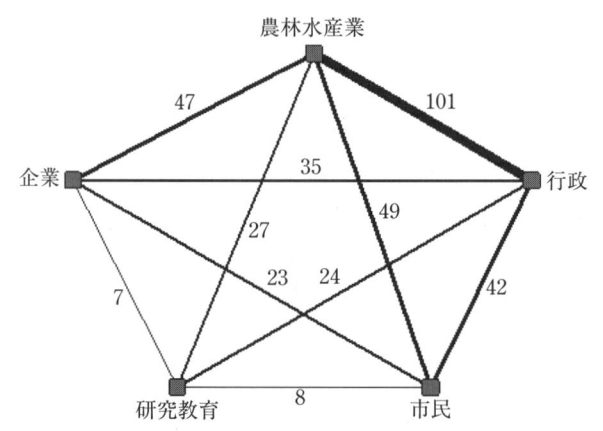

第 I 部　農村と都市の連携のあるべき姿

図-I.3　農林水産業主体エゴネットワークグラフ

　図-I.3に示すネットワークグラフは、全主体間に紐帯が存在する、いわゆる完全グラフの状態にあることがわかる。これは、各主体が独立してそれぞれの取組みを推進するのではなく協力し合う、いわゆる業結合がある程度意識されている状態であると考えられる。しかし、すべての主体間の連携が均等というわけではなく、関係性には強弱のむらが見られる。

　ネットワークにおける業間の関係性を見ると、「農林水産業・行政」と「農林水産業・市民」、「農林水産業、企業」は紐帯も太く（施策数が多い）、自然資源に関連する取組みを推進するにあたり重要な関係性にあると考えられていることがわかる。環境モデル都市応募提案書の取組み内容を見ると、行政による農林水産業振興策や企業による農林水産業分野への進出、および人材的資金的援助等の取組みを推進することが期待されており、これを反映しているものと考えられる。

　一方、「企業・市民・研究教育」間は紐帯が細く、これらの関係性は現状としてはそれほど考慮されていない可能性があると考えられる。

2.4　宮古島市の環境モデル都市行動計画書における業結合

　以上のように、82件の環境モデル都市事業応募提案書の施策全体を対象とすると、ある程度業結合が意識されていることがわかった。しかしこれはあくまでもマクロレベルで捉えた場合の結果であり、実際に施策が推進される都市レベルにおける業

2. 低炭素社会構築を目指すための農林水産業を中心とした業結合

結合状態を示しているわけではない。そこで次に、宮古島市[3]を対象に現地調査と環境モデル都市行動計画書をもとに実際に施策が推進される都市レベルで業結合の現状把握を行った結果を紹介する。

宮古島市は、沖縄本島から南西に約290km離れた大小6つの島からなる面積約200 km^{2}のサンゴ礁に囲まれた豊かな自然を持つ人口約5万人の市である。宮古島市は、市域面積の約70％が農耕地で、サトウキビ農業が基幹産業であるが、サンゴ礁等の豊かな自然環境を活かした観光業も盛んで毎年約30万人もの観光客が訪れている。

宮古島市はエネルギーの大半を島外に依存しており、エネルギー循環に関する問題意識は高く、環境モデル都市においてサトウキビの搾りかすであるバガスによる発電やバイオエタノール、風力発電等の再生可能エネルギーに活用による従来の化石燃料依存からの脱却を中心とした取組みによりCO_2の大幅削減を目指している。これら取組みの中でサトウキビの廃糖蜜由来のバイオエタノールによる自動車燃料

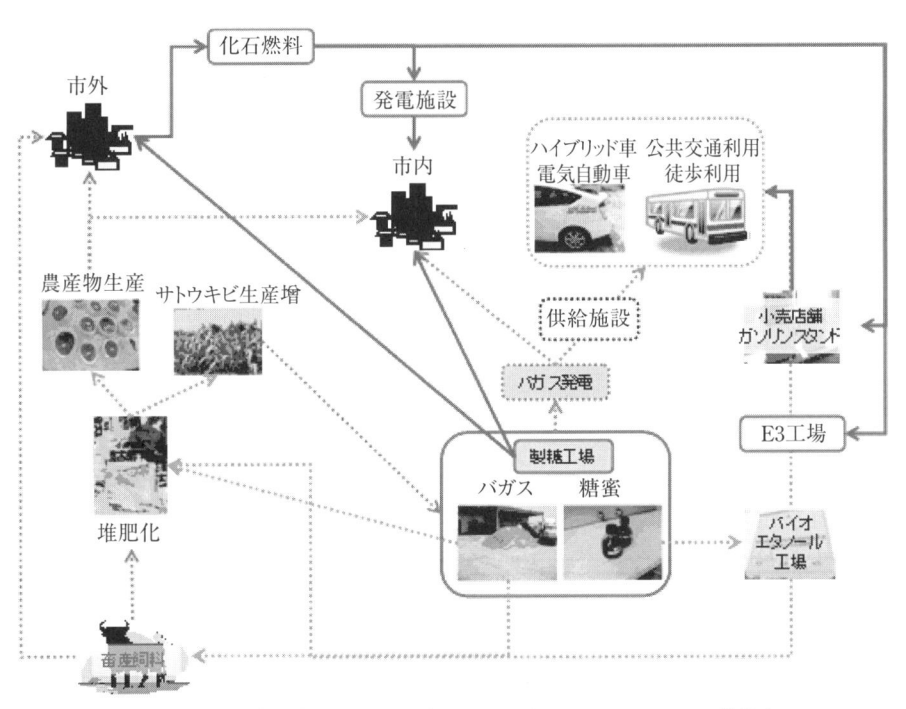

図-Ⅰ.4　宮古島市サトウキビを用いたエネルギーシステムの業結合

の製造に関する取組みは既に実践に移されており、バイオエタノールの生産および製造エタノールを自動車で使用するためのE3（バイオエタノールをガソリンに3％混入した燃料）の実証試験プラントが既に稼動しており、実際にE3を給油することのできるスタンドも設置されている。

これらサトウキビを由来とするエネルギー供給に関する取組みに着目し、大枠としての現状のフローを図-I.4のネットワークのグラフに示す。図の紐帯（関係性を示す線）は2種類存在し、一本線が現状のエネルギー共有システムのフローを示し、破線がサトウキビ由来のエネルギー循環システムに移行するために結合および強化が今後望まれる関係性を表す。

従来の化石燃料由来のエネルギー生産システムをサトウキビ由来のエネルギーにより循環型へと転換するためには、エネルギー産業に限った改革が求められるわけではなく、農業生産分野における各主体間においても新たな関係性の創出や強化が求められる。サトウキビによるエネルギーは副産物であるバガスと糖蜜を原料としてバガス発電およびバイオエタノールにより生産を行うが、地域内で化石燃料に取って替わるためにはバガスおよび糖蜜の供給の増加がより求められ、まずはサトウキビの増産が求められる。

サトウキビ増産のためには、肥料もまた新たに必要となるが、これらを島外からのものに頼るのでは循環型とはいえない。このことから宮古島市では、畜産業から排出される糞尿やサトウキビバガス、生ごみやバイオエタノール生産に伴う蒸留廃液等を活用し、肥料化する資源リサイクルセンターを立ち上げている。

このように宮古島市が目指す自然資源を活用したエネルギー循環システムにおいては、農業を中心に電力事業および燃料業界等、様々な主体間で業結合が行われることが重要となる。

2.5 まとめ

本稿では、低炭素社会への転換の実現に向けた取組みの道筋を示すものとして、個々の取組みのCO_2排出削減量のみに着目するのではなく、自然資源に関連する主体の業を結合するための枠組みとしての業結合という概念の紹介を行った。低炭素社会を目指すためには、従来の社会構造を循環型に転換する必要があり、これは社会で営まれている様々な業に伴うI/Oを互いに接続する業結合により物質やエ

ネルギーを循環させることが重要となる。

　社会システムの原動力となる食料やエネルギーの生産活動は自然生態系システムから得られるものであり、I/Oの始まりと終わりは循環系としての自然生態系システムに委ねる必要がある。低炭素社会を目指すうえでは、再生可能な自然エネルギー利用への転換が必要であり、ますます自然生態系システムとの密接な結合が求められることから、農林水産業の役割がますます重要となるであろう。

文　献

1) Herman E. Daly: Toward some operational principles of sustainable development, *Ecological Economics*, Volume 2, Issue 1, 1-6, 1990.
2) Emma Abasolo, Kazunori Tanji, Osamu Saito, Takanori Matsui, Tohru Morioka：MEASURING CONTRIBUTION OF ECOSYSTEM SERVICES TO URBAN QUALITY OF LIFE, 環境システム研究論文集, Vol.34, 599-609, 2006.
3) 宮古島市：環境モデル都市行動計画。

3. バイオマス利用による資源の利用構造の変化シナリオ

3.1 バイオマスを活用することで実現できる都市・農村連携の姿

　バイオマス(生物資源)は太陽エネルギーにより再生可能な資源である。消耗型の地下資源である化石燃料や鉱物資源の枯渇が将来的に問題視される中、地下資源に依存した資源消費構造から脱却していく一手段として、地上資源であるバイオマスの有効活用が必要視される。

　資源消費構造は産業社会における人間の営みが形成するものであり、資源消費構造を変化させるためには産業社会の変革を図らなければならない。すなわち、目指すべき資源消費構造を実現するためには、実現下においてどういう産業活動や市民生活が行われていなければならないかを考える視点が重要となる。

　ここで、バイオマスがより一層活用された資源消費構造の成立を考える場合、農林地を管理してバイオマスの生産を担う農林水産業と、加工して付加価値を高めるバイオマス産業が活発に展開され、農村経済の牽引役となることが必要視される。日本が歩んできた工業化・サービス化の産業構造転換プロセスにおいて、食料や木材等のバイオマスは労働賃金の安い発展途上国から輸入し、エネルギーは化石燃料に依拠して自国の労働生産性を向上させてきた。その結果、農村は、本来、都市へバイオマスを供給する役割を担ってきたが、農村から都市へ供給されるバイオマスの物質フローが希薄化して国外依存度を高め、農村の雇用は減少の一途を辿ることとなった。農村がバイオマス由来の財・サービス(食料、木材、エネルギー)を供給し、都市がその対価を払うことで形成される都市・農村連携の社会像を、2050年に向けた低炭素社会、さらには2050年以降の脱地下資源社会の構築という文脈で描くことが求められる。

3.2 バイオマスをどう活用するか

　バイオマスの利活用は手段であり、各バイオマス種をどの用途にどれだけ利用するべきか、目的に応じた政策判断を要する。バイオマス利用の選択肢を表-Ⅰ.2に

3. バイオマス利用による資源の利用構造の変化シナリオ

表-I.2 バイオマスの利用用途

		バイオマスの利用用途								
		農林水産品		廃棄物系バイオマス						
		農作物	木材	農業残渣	林地残渣製材残材	建築廃木材	古紙	食品廃棄物	畜産排泄物	下水汚泥
食料	食品	○								
食料	飼料	○		○				○		
農業資材	肥料			○				○	○	○
衣類	天然繊維	○								
紙製品	製紙原材料		○	○			○			
建設資材	建材、合板		○			○				
建設資材	セメント									○
化学製品	薬品、洗剤・化粧品	○								
化学製品	バイオプラスチック	○	○	○	○	○	○			
エネルギー	直接燃焼発電			○	○					
エネルギー	合成ガス			○	○					
エネルギー	バイオオイル			○	○	○	○	○		○
エネルギー	炭化物								○	○
エネルギー	バイオディーゼル	○						○		
エネルギー	バイオエタノール	○	○	○	○	○	○			
エネルギー	メタンガス							○	○	○

示す。バイオマスは、大きくは農林水産品と廃棄物系バイオマスに類型され、代表的な利用用途は食料、飼料、肥料、衣類、紙製品、建設資材、化学製品、エネルギーが挙げられる。

近年、農作物に関して食料とエネルギー(バイオエタノール)との間での競合が問題となっているが、用途間での資源の取合いはそれだけに限った問題ではなく、どのバイオマス種にも当てはまる。地下資源の枯渇が将来的に顕在化してくれば、下水汚泥のような廃棄物系バイオマスでさえも、化石燃料の代替としてエネルギー利用するのか、リン鉱石の代替として肥料利用するのか、用途間での取合いが起こりうる。資源・エネルギー戦略における政策目標設定を明確にしたうえで、各利用用途への配分比率を検討しなければならない。

3.3　中国浙江省におけるケーススタディ

　高度経済成長を遂げている中国の温室効果ガス（GHG：greenhouse gas）排出量の増加は著しいが、都市・インフラ建設やモータリゼーションは進行途中に過ぎず、中長期的にはさらなる排出量の増加が予想される。そうした中、中国は 2020 年までに GDP 当たりの CO_2 排出量を 2005 年比で 40～45％削減するという目標値を 2009 年 11 月に公表し、2020 年に向け、再生可能エネルギーと原子力発電により一次エネルギー消費に占める非化石エネルギーの割合を 15％まで引き上げること、植林・森林管理により 2005 年比で森林蓄積量を 13 億 m^3 増やすことを行動方針に掲げた。中国は、バイオマスの活用を低炭素化に向けた一重要施策として位置付けているといえる。

　また、中華人民共和国循環経済促進法を 2009 年 1 月に施行し、資源問題への対応も本格的に取り組んでいる。中国が提唱している循環経済は日本の循環型社会と異なり、3R（reduce、reuse、recycle）の reduce は日本では「廃棄物の排出量の減量」を指すが、中国では「工業生産に投入する資源（原材料、エネルギー、土地、水）の減量」を意味し、中国は資源の節約に重点を置いている。バイオマス利活用は循環経済の戦略とも関連しており、その利用用途戦略を資源の節約という面でも具体化する必要がある。

　筆者らは、世界の工場として資源・エネルギーの消費拠点となった中国が、将来的にバイオマスをどの用途でどれだけ利用していくべきかという、マクロな政策決定を支援する評価モデルの提案を目指し、中国省レベルにおいてバイオマス利用施策の立案を支援する評価モデルを構築した。本稿で行った分析方法の詳細は、拙稿（中久保他：土木学会論文集G、Vol.66、No.3、120–135、2010）を参照されたい。

　評価モデルの適用地域には、中国経済を牽引している長江デルタ圏に位置し、森林資源の豊富な浙江省を選んだ。浙江省の概況（2006 年度）は、産業出荷額が 15,743 億元、人口が 4,629 万人であり、面積 1,018 万 ha のうち 554 万 ha が林地となっている。

3.4 食品廃棄物・排泄物・汚泥の利用用途配分

含水率の高いバイオマス(ウェット系バイオマス)を取り上げ、利用用途配分に関する施策導入効果の比較を試みる。2006年度における浙江省での廃棄物発生量と、比較対象としたケースを表−Ⅰ.3に示す。

現状において、中国の農村では畜産排泄物やし尿の肥料利用も依然として継続されているが、生活水準の向上とともに、本来は肥料・飼料として利用されてきたものが廃棄物となり、処理設備の建設が進んでいる。そこで、発生するウェット系バイオマスがすべて単純処理されるケースと、有効活用されるケースとを比較することで、単純処理が行われた際にGHG削減・資源回収面でどれだけ循環資源を無駄にすることとなるかを分析する。単純処理ケースでは、食品廃棄物はごみ処理場で電力回収なしの単純焼却、畜産排泄物は排水浄化処理、し尿は標準脱窒素処理、汚泥は通常焼却(焼却温度約800℃)されるとした。バイオマスを有効利用するケースでは、化石燃料代替を優先するエネルギー利用ケースと、枯渇性が問題視されているリン鉱石の節約や、農地の国外依存の減少を目指す飼料・肥料利用ケースを設定した。エネルギー利用ケースでは、食品廃棄物、排泄物をメタン発酵設備に回収し、汚泥を炭化することとした。浙江省の都市人口は1,573万人、農村人口は3,056万人であり、農村でメタン発酵設備を導入すれば、消化液の農地還元が可能である。農村由来のバイオマスを変換した場合は消化液の肥料利用が行われ、都市由来のバ

表−Ⅰ.3 ウェット系バイオマスの利用用途配分の設定

		発生量 [万t]	導入施策		
			単純処理ケース	エネルギー利用ケース	飼料・肥料利用ケース
食品廃棄物	動植物性残渣	88.1	単純焼却 (ごみ焼却施設)	メタンガス (消化液利用なし)	食品残さ飼料 (液状飼料)
	厨芥(都市人口排出)	321.7			
	厨芥(農村人口排出)	625.2			
排泄物	畜産排泄物	1,357.6	畜産排泄物処理	メタンガス (消化液利用あり)	堆肥
	し尿(農市人口排出)	1,756.0	し尿処理		
汚泥	工業系汚泥	476.3	汚泥通常焼却	炭化	汚泥・高温焼却リン回収(灰アルカリ抽出法)
	下水汚泥	1,236.3			

イオマスでは、消化液は排水として処理されるとした。飼料・肥料利用ケースでは、食品廃棄物は食品残渣飼料として、排泄物は堆肥として変換され、汚泥は温暖化に寄与する一酸化二窒素(N_2O)の排出を抑制する高温焼却(焼却温度約850℃)を導入し、汚泥焼却灰からリン資源(リン酸カルシウム)を取り出す灰アルカリ抽出法が選択されるとした。

施策導入により、エネルギー利用ケースではメタンガス185.1万TOE[*1]、炭化物58.9万TOE、消化液2.4万t–P_2O_5が生産され、それぞれ省内の液化石油ガス需要量の55.3%、石炭需要量の2.1%、リン肥料需要の5.2%が代替される。一方、飼料・肥料利用ケースの場合には食品残さ飼料251.8万t–TDN、堆肥18.1万t–P_2O_5、リン酸カルシウム3.4万t–P_2O_5が産出可能となり、省内の畜産用飼料需要量の21.4%、リン肥料需要の46.4%が代替される結果となった。

各ケースの導入下でのGHG排出・削減量を図–1.5に示す。正の値がプロセスの追加によるGHG排出量、負の値がプロセスの回避によるGHG排出削減量を示し、収支をとることでGHGの削減効果を推計することができる。単純処理ケースでは1,108万t–CO_2の排出増加となるのに対し、エネルギー利用ケースでは収支で見ると372万t–CO_2の排出削減が期待できる。すなわち、単純処理を選択すれば372万t–CO_2の削減機会を失い、追加的に1,108万t–CO_2を排出することとなる。飼料・肥料利用ケースにおいては、収支で見た際に485万t–CO_2の排出増加となり、単

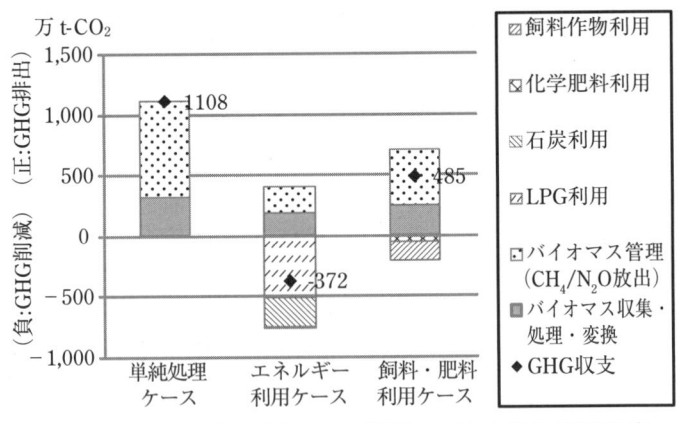

図–I.5　ウェット系バイオマスの利用ケースにおけるGHG収支

[*1] TOE：tonne of oil equivalent。石油換算トン。1 TOE = 10^7 kcal。

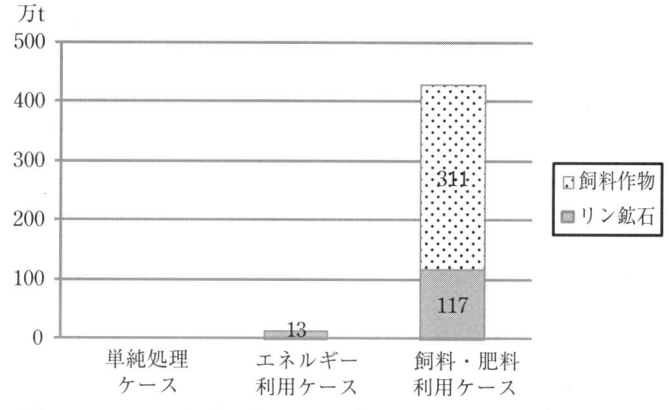

図-Ⅰ.6 ウェット系バイオマスの利用ケースにおける資源節約量

純処理ケースと比べれば優位性があるものの、排出削減にはならないことが明らかとなった。

次に、飼料作物、リン鉱石の節約量を図-Ⅰ.6に示す。飼料・肥料利用ケースは農業資材の自給を目的としているため、節約効果が顕著に表れている。中国の飼料輸入量は増加傾向にあり、飼料自給は食料安全保障に関わってくる。また、リン鉱石に関しても中国は一大産出地であるが、国際協調や鉱物資源輸出による外貨獲得という視点では、リン回収は国家の政策課題である。以上の結果より、GHG排出削減と農業資材節約量との間で資源の競合が生じるといえる。

3.5　森林資源の利用用途配分

続いて、森林の管理方策、木質バイオマスの利用用途配分に関する施策を比較する。浙江省における森林面積554万haのうち、人工林が256万ha、天然林が256万ha、竹林が42万haを占める。うち木材、竹、筍の生産量から推計される管理面積が人工林25万ha、竹林30万haである。ここでは、木材搬出目的で利用されていない人工林231万haを、将来的にどのように利用していくかに関するシナリオ解析を行うこととする。

表-Ⅰ.4に木質バイオマスの利用用途配分に関する比較対象ケースを示す。燃料用木材生産ケースにおいては、人工林をポプラやユーカリに代表される早生樹木への植え替え、搬出される木材をバイオエタノール原料とし、発生する林地残材はバ

表-I.4 木質バイオマスの利用用途配分の設定

		管理面積 [万ha]		生産量 [万t]	導入施策	
					燃料用木材生産ケース	資材木材生産ケース
新規森林管理	人工林 (早生樹木植替)	230.7	木材(早生樹木)	3,487.0	バイオエタノール	
			林地残材	1,549.8	バイオマス発電	
	人工林	230.7	木材	792.2		建材・製紙用木材
			林地残材	352.1		バイオマス発電
現状森林管理	人工林・竹林	55.2	林地残材	153.7	バイオマス発電	バイオマス発電

イオマス発電で利用するとした。資材用木材生産ケースでは、従来どおり建材・製紙用木材の生産を目的とした人工林管理の実施により木材自給率の向上を目指し、林地残材については、バイオマス発電でエネルギーとして活用するとした。どちらのケースにおいても、現状の森林管理から搬出可能な林地残材はバイオマス発電に回すとした。ここで、早生樹木の年間平均成長量は21.83 t/ha(育林伐採周期10年)、建材・製紙用木材の年間平均成長量は4.96 t/ha(育林伐採周期10年)とし、成長量が搬出可能として生産量の推計を行った。また、樹木1本より木材と林地残材は9対4の比で搬出されるとした。

施策導入により、燃料用木材生産ケースではバイオエタノール349.5万TOE、バイオマス発電41.5万TOEが産出され、省内で消費されるガソリンの83.9%、電力の2.7%を自給することができ、総エネルギー消費の6.3%を賄える結果となった。一方、資材用木材生産ケースでは木材792.2万t、バイオマス発電12.3万TOEであった。現状での木材生産量85.6万tと合わせると、省内の木材需要1,211.6万t(うち建設用木材需要が716.9万t、製紙用木材需要が494.7万t)に対し72.5%の木材自給が可能となる。ただし、総エネルギー消費に示すバイオエネルギー生産は0.2%にとどまった。

施策導入下でのGHG削減効果を図-I.7に示す。燃料用木材生産ケースではガソリン利用、電力利用を回避できるため1,161万t-CO_2の排出削減が図れ、資材用木材生産ケースでの削減効果173万t-CO_2に対し6.7倍の削減が期待できる。ただし、木質バイオマスの比較においてもGHG排出削減と木材自給がトレードオフ関

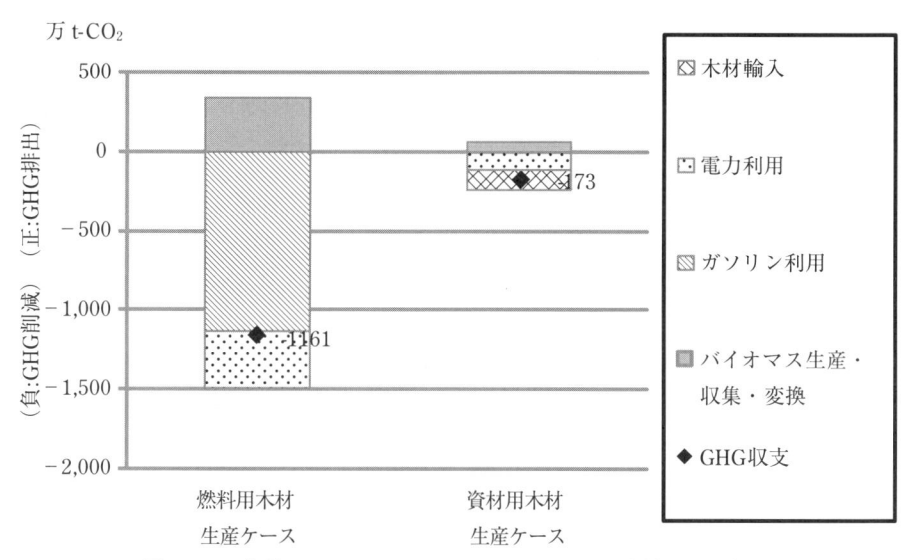

3. バイオマス利用による資源の利用構造の変化シナリオ

図-I.7 木質バイオマスの利用ケースにおける温室効果ガス収支

係にあり、燃料用木材生産ケースでは建設用・製紙用木材需要の不足分1,126.0万tを賄うため227万ha（単収4.96 t/ha/年）を省外(国)に依存する一方で、資材用木材生産ケースでは67万haの依存に抑えることができる。

3.6 まとめ

本稿では、どちらかの資源利用選択が進む極端なケースを設定したが、実際にはそれぞれの用途への配分比率を選択しうる。また、汚泥の発生構造は下水処理インフラ整備と関連しており、木質バイオマスの活用は農村における林業雇用に直結するため、バイオマスの利用用途配分戦略の立案は、国土開発の方向性に大きく依存する。国土・地域開発戦略を踏まえて、国レベル、省レベルでの温暖化戦略、資源安全保障戦略におけるバイオマス利用の位置付けを明確化し、バイオマスの生産、利用用途配分比率を政策判断することが求められる。

4. 都市・農村連携の可能性と未来像

　第Ⅰ部では、総論を受け、アジアの中の特に近代日本における都市・農村論の文脈を振り返ったうえで、都市・農村間の連携形態の整理（1.）を行った。さらに続いて、その都市・農村連携を評価する枠組みとして、日本の基礎自治体における農林水産業を中心とした主体間連携の評価（2.）、中国の省レベルにおける都市・農村のバイオマス資源の利用便益と損失評価（3.）の提案を行ってきた。続く、本章では、都市・農村連携の展開可能性を評価する枠組みのひとつとして、都市・農村連携の萌芽といえるパイロット・モデル事業を題材にして、ライフサイクルシミュレーションを用いた広域展開可能性の評価手法を提案する。

　持続可能な社会の構築に向けて、これからの都市・農村連携の評価枠組みを考えていくうえで、重要となることは何か。1.でも述べたとおり、ひとつは地域多様性の価値を再評価することであろう。全国一律で展開されてきたこれまでの国土政策の反省も踏まえて、地域の特性に沿った都市・農村連携形態の模索、および多面的な価値基準に基づく持続可能性の評価が必要である。そのためには、まずは具体的な地域を対象にして、現地での実測試験や計算機を用いたシミュレーションによる最適化分析等を参考にしながら、都市・農村連携の萌芽となり得る事業について実証的に評価を進めることが有効であると考えられる。しかしながら、地域研究のままで終わってしまっては、持続可能な社会を実現していく有効な枠組みとはなり得ない。

　もうひとつ重要なことは、上述のように地域を対象にして得られた連携形態に関する知見をいかに地域多様性を確保しながら広域に展開していくかという点であり、さらにはいかにその潜在的な可能性を将来にわたって評価するかということである。そのためには、ある程度共通の評価枠組みを設定したうえで、事業の特性や制約条件を明確化することが求められる。さらに、将来の望ましい都市・農村連携形態に向けて、それを阻害する要因、あるいは反対に促進する要因を考慮した施策立案を検討していくことが有効であろう。

　本稿では、以上の考え方に基づいて、日本と中国の具体的な地域を対象に検討されている複数の事業を題材に、それらの日中全土への広域展開の可能性を評価する

4. 都市・農村連携の可能性と未来像

ことで、都市・農村連携の在り方について考えていくことにしたい。その前に、日本と中国の状況について若干触れておこう。

4.1　日中における都市・農村連携と地域資源循環

　日本は2050年までに世界全体のGHG排出量を1990年比で半減する長期目標を提言しており、国を挙げた低炭素社会構築への取組みが求められている。一方で、国内における農林水産業の衰退、地方農村の過疎化や高齢化の進行が重大な懸案事項となっている。低炭素社会の構築に貢献し、同時に農村・農林水産業を活性化する方策として、自然資源の維持管理および地域循環利用システムの構築が期待されている。例えば、2008年に閣議決定された「第二次循環型社会形成推進基本計画」においても、地域の特性を踏まえた最適な循環システムを構築することにより、結果的に地域の再生にも寄与する「地域循環圏」の考え方が提起されている[1]。

　一方で、隣国である中国は、急速な経済成長に伴って世界有数のGHG排出国となっており、世界全体で排出削減に取り組む際にその果たす役割は非常に大きい。しかし、国内では都市・農村間の所得格差の問題や公害、環境汚染等の諸課題が山積しており、これらの国内問題への対応も含めて相乗便益を提示しながら低炭素社会へ誘導することが国際社会に課せられた喫緊の課題となっている。

　日本と中国は、人口規模や国土面積の差異はもちろん、経済成長率や都市化の進展速度も現在大きく異なるが、程度の違いこそあれ都市・農村の地域間格差が問題であり、農林業の改革を急務としている点では両国共通している。

　このような背景の中、現在、日本と中国の3地域を対象にして、これからの都市・農村連携の在り方を様々な角度から探る研究が実施されている。対象地域は、中国河南省霊宝市、日本の北海道、中国浙江省湖州市であり、この後、本稿に続く第Ⅱ部で、その内容が詳しく紹介されている。それぞれ順番に、「農工連携による自然資本を生かした低炭素化産業の創出」(1.)、「都市‐農村空間結合による低炭素化クラスター形成」(2.)、「広域低炭素化社会実現のためのエネルギー・資源システムの改変と政策的実証研究」(3.)をテーマに掲げて研究が進められている。都市・農村連携の可能性といった場合には、これらの研究成果から非常に多岐にわたる可能性を見出すことができる。ここでは、これらの研究から得られた知見の一部を、「自然資源の地域循環利活用システムの構築」(表–Ⅰ.1参照)といった側面から共通の

枠組みで整理し、その広域展開における潜在的な可能性について考えることから始めることにしよう。

都市と農村の関係性を自然資源の地域循環利用の観点から見た場合、単純にいうと、農村部には自然資源が豊富に存在し、都市部は人口集中のため食料やエネルギーの消費密度が高いという特徴を持っている。資源の持っている価値はひとつにはその集約度で決まるため、都市と農村のお互いの役割を明確にしてその連携形態を模索することによって、自然資源の循環利活用が効果的に促進される、ということが考えられる。農村側は食料に加えて、食料生産に伴って副次的に発生する有機資源を、繊維（工芸品）や化学品等の製品原料や、電力・熱や燃料等のエネルギーに転換し、都市側に供給する。都市側は食料消費に伴って排出される食品廃棄物や下水汚泥等を、飼料や肥料、エネルギーに転換して農村側に還元する。この物質フローに加えて、農村側は食料や有機資源の自給力、供給力を一層強化し、一方で、都市側は農村側への積極的な投資や人材投入によって、農村の基盤である生態系の保全と農林水産業従事者の所得確保および雇用創出の役割を担っていくことが、都市・農村連携の重要な在り方のひとつと考えられる。

4.2 パイロット・モデル事業の提案

このような自然資源の地域循環利用の観点から、先ほど述べた日中の3地域を対象とした研究例をパイロット・モデル事業として以下に示す。なお、ここで挙げるのは、本稿で述べる共通の評価枠組みを念頭に、事業名を便宜上設定し、事業内容に関しても一部の仮定を新しく想定したものであるため、この後に第2部で紹介される事業とは全く同一の事業ではないことをあらかじめご了承いただきたい。

① トチュウ植林事業（対象地域：中国・河南省霊宝市）　アジアの農村地域における耕地を対象に、有望な資源植物のひとつであるトチュウ（*Eucommia ulmoides*）の植林を行う。従来のトチュウの雄花茶生産に加えて、トランスゴム、バイオディーゼル燃料、飼料、肥料、薪の生産を行う農工連携型バイオマス新産業を創出することで、地域の自然資源を活用したGHG排出削減、砂漠緑化・水土保全等の生態系保全、農村所得の向上による地域経済発展を目指す事業である。

② 食料・エネルギー自給事業（対象地域：日本・北海道）　耕畜連携等の特色

の異なる農林業を主体とする農村間、都市・農村間の相互補完により、地域内の食料・エネルギー自給を目指す事業である。有機資源の地域循環利用に加えて、作付け作物の変更を行うことで、食料自給率およびエネルギー自給率の向上を検討する。本稿では、エネルギー自給率を向上させるために、食料自給率が100％以上ある地域を対象に、それを100％まで農業・畜産業の規模を縮小（具体的には、農地面積、家畜頭数、飼料作物栽培面積を同割合で減少）させて、その空いた土地にエネルギー作物を植えて、直接燃焼によりエネルギー転換することを想定する。

③ 地域分散型電源事業（中国・浙江省湖州市）　都市・農村部から排出される有機系廃棄物のエネルギー転換利用、都市住宅の屋上への太陽光発電設置、天然ガスのコジェネレーションシステム等の技術の導入可能性を環境面および経済面から総合的に評価及したうえで、エネルギー需要に合わせた地域分散型エネルギーシステムの構築を目指す事業である。本稿では、地域のエネルギー需要に対して、有機系廃棄物のエネルギー転換および太陽光発電によるエネルギー供給を優先し、不足分を天然ガスのコジェネレーションによるエネルギーで補うことを想定する。

4.3　広域展開可能性の評価枠組み

これらの3つの事業を、都市・農村間のエネルギー・物質バランスに着目して、共通の評価枠組みを用いて整理する。ここでは、以下の5つの要素に分類してデータを集約する（表-I.5参照）。
・外的要因：事業に影響を与える環境要因（気候条件、地理特性、施策群等）
・土地利用：事業に関連のある産業の土地利用形態（農業、林業、畜産業、民生利用等）
・転換技術：土地利用プロセスから得られる生産物をエネルギー・製品に転換する技術・施設（メタン発酵、直接燃焼等）
・産出物：土地利用・転換技術から産出されて、消費者・生産者の元に供給される物質・エネルギー（食料、飼料、肥料等）
・効果・負荷：施策により得られる効果や環境負荷（GHG排出削減効果、エネルギー・食料自給率、雇用創出等）

表-I.5 パイロット・モデル事業の特徴

		トチュウ植林事業	食料・エネルギー自給事業	地域分散型電源事業
要素	外的要因	気温、降水量、土壌	気温、降水量	気温、降水量、日射量
	土地利用（生産・発生物）	林業（トチュウ雄花茶、副次物）	農業（食料、残渣）、畜産業（食料、家畜糞尿）、林業（木材、林地残材、エネルギー作物）、民生利用（食品廃棄物）	農業（食料、残渣）、畜産業（食料、家畜糞尿）、林業（木材、林地残材）、民生利用（食品廃棄物、下水汚泥、屋上ソーラーパネル）
	転換技術	バイオディーゼル燃料生産、肥料生産、トランスゴム生産	メタン発酵（食品廃棄物、家畜糞尿）、直接燃焼（農業残渣、林業残渣）	メタン発酵（食品廃棄物、家畜糞尿、下水汚泥）、直接燃焼（農業残渣、林業残渣）、屋上太陽光発電、天然ガスコジェネレーション
	産出物	雄花茶、飼料、トランスゴム、肥料、バイオディーゼル燃料、薪	食料、固体肥料、液肥、エネルギー	食料、固体肥料、液肥、エネルギー
	効果・負荷	温室効果ガス削減効果、雇用創出	温室効果ガス削減効果、エネルギー自給率、食料自給率、肥料自給率	温室効果ガス削減効果、エネルギー自給率

注1) 日本の気象情報、人口、住宅数、各種作付け面積および収穫量、家畜頭数、一般廃棄物の排出量、バイオマス利用可能量、エネルギー転換効率、1人当りの温室効果ガス排出原単位は、各省庁が公開している統計データ（平成21年）を参照した。
注2) 中国の統計情報に関しては、中国国家統計局が出版している統計年鑑を参照した。ただし、エネルギー転換効率については、日本の転換技術の導入を想定しているため、日本のデータを使用した。
注3) 退耕還林政策対象地域については、これまでの選定基準は表土流出が深刻な傾斜度25度以上の急傾斜地であるが、本表では中国環境統計年鑑掲載の砂漠化が進行している土地がある地域を対象地域とした。

　この要素分類をもとに、各パイロット・モデル事業における物質・エネルギーの投入・排出を、ライフサイクルシミュレーション[2]を用いて記述し、定式化を行う。これらのパイロット・モデル事業の広域展開の可能性を評価する場合、土地利用に関連して、例えば作付け作物の種類や生産原単位等は、対象地域で独自に収集された統計データであり、他の地域では入手できない場合がある。その場合は、作付け作物の詳細な品目までは考慮せず、既存の統計データの品目分類や入手可能な生産原単位を用いることができるように、プロセスの一般化を行うことによって対応する。あるいは、データの入手可能性が低い地域のデータを補間するために、展開する地域の境界を拡張して平均化した原単位によって対応する。

　続いて、展開したい地域の特性にパイロット・モデル事業が適用できるかどうか

適用可能性を検討する。その判断基準を適用条件として定義する。ここでは、適用条件として、自然条件(作物が育つ気候、必要な土地面積等の条件)と実施要件(需給バランス、政策目標、施策等の条件)を設定し、パイロット・モデル事業が適用可能な地域を選別する。広域展開の対象地域は日本および中国全域とし、日本では47都道府県、中国では31省の行政区域ごとに適用条件による適用可能地域のスクリーニングを行う。ここでは、適用可能地域における効果の最大潜在量として、GHG排出削減量を推計する。

4.4 温室効果ガス排出削減量の試算

適用可能地域におけるGHG排出削減量の算定結果を表-I.6に示す。

日本には中国の黄土高原のように砂漠化が広範囲にわたって進行している地域が存在しないため、今回はトチュウ植林事業の適用可能地域を該当なしとした。トチュウ植林事業の適用可能地域は、中国内陸部の省を中心に11地域となり、潜在的なGHG排出削減量は、14,900万t–CO_2と推定された。

食料・エネルギー自給事業の適用可能地域は、日本では北海道・東北地方等の農業県を中心とする9道県、中国では内陸農村部を中心に22省で、GHG排出削減量はそれぞれ225万t–CO_2、23,700万t–CO_2となった。この内訳としては、日本・中国ともにエネルギー作物のエネルギー転換利用による化石燃料代替効果が高い(全体の62〜63%)が、加えて有機系廃棄物のエネルギー転換利用、および作付け作物の変更に伴う投入エネルギーの削減によって、全体の37〜38%の効果があることがわかった。中国と比較して、日本のように穀物類の自給率が低い地域では、こ

表-I.6 適用可能地域における温室効果ガス排出削減量

		トチュウ植林事業	食料・エネルギー自給事業	地域分散型電源事業
日本	適用可能地域(都道府県)	−	9	38
	温室効果ガス削減量(万t–CO_2)	−	255	5,290
	適用可能地域における削減割合(%)	−	1.3	5.1
中国	適用可能地域(%)	11	22	9
	温室効果ガス削減量(万t–CO_2)	14,900	23,700	10,500
	適用可能地域における削減割合(%)	7.2	5.5	8.1

の事業の効果は低くなるという結果になった。

　地域分散型電源事業においては、適用可能地域は日本では38都府県、中国では9省、GHG削減量はそれぞれ5,290万t–CO_2、10,500万t–CO_2となった。内訳としては、太陽光発電による削減量が91〜92％を占め、残り数％は有機系廃棄物と下水汚泥のエネルギー転換利用および石炭火力発電から天然ガスに切り替えたことによる削減効果となった。

4.5　まとめ

　以上、パイロット・モデル事業の広域展開可能性の評価として、潜在的な最大GHG排出削減量の概算結果を簡単に紹介した。その他、ライフサイクルシミュレーションを用いることによって、（品目別）食料自給率、エネルギー自給率等の指標や、水土保全等の環境影響等の相乗便益を長期にわたって見積もることが可能であることを示した。ここでは、（一部、都市側から農村側への物質フローも含むが）主に農村側から都市側への物質フローについて見てきたわけであるが、同時にこれらの事業運営に必要な労働力や、初期投資や運営資金等の必要経費を概算できることが特徴である。これらは事業展開における主たる阻害要因となりうるが、都市側から農村側へのフロー、すなわち資金メカニズムの導入や人材供給の仕組みづくりを詳細設計していく際には、ここで示したような試算は有益な情報を提供するであろう。農村側だけではなく都市側も積極的に、農林水産業やバイオマス産業および生態系サービスシステムの維持管理を担っていくことで、都市・農村連携の可能性は将来に向けてさらに広がっていくことが期待される。

文　献
1) 原圭史郎：都市のサステイナビリティと環境、公共政策研究、Vol.8、74-86、日本公共政策学会編、有斐閣、2008。
2) Yasushi Umeda, Akira Nonomura, Tetsuo Tomiyama：Study on life-cycle design for the post mass production paradigm, *AIEDAM*, Vol.14, No.2, 149-161, 2000.

第Ⅱ部　都市・農村連携による低炭素社会構築の可能性

1. 農村産業：新しい仕組みと挑戦

1.1 地球環境時代の農村産業

1.1.1 これまでの農村産業

　農村が産み出してきたものは農作物や食品だけではない。近代以前の農村は、ローカルなバイオマス資源を巧みに利用し、様々な高品質かつ高付加価値の製品を生産していた。絹・綿・麻の布、羊毛、織物、染物、木工品、竹・籐・葦製品、漆器、炭、薬等数限りない。これらの生産を担ったのは、農民の農閑期の手仕事や農村内の小さな工房であった。製品は農村内で消費されるだけでなく、都市や地域外に販売され、農村に現金収入をもたらした。古代から近世にかけて、中国やアラビアやヨーロッパの商人はユーラシア大陸をまたにかけ、これらの製品を流通させて大きな富を得た。

　しかし産業革命が始まった近代以降、製品生産の形態は一変する。大規模設備による集約的大量生産が可能となり労働者を一箇所に集めたため、生産拠点は農村から都市に移っていった。生産手段も農村から離れ、農村は単なる労働力と原料の供給地となった。また、バイオマスに代わって石油を原料とする安価な製品が普及し、農村産業は衰退した。生産手段と労働力を集中させて生み出された富は都市内に蓄積され、農村へは還流しない。この経済的不均衡はさらに農村から都市への人口流出を加速し、耕作放棄や農村コミュニティーの崩壊が起きている。かつての農村に

は水源や里山共有地の管理等、農民同士の協働を要する重要な機能があったが、農村コミュニティー崩壊によって管理が行き届かなくなった。このことは水害や地盤災害のリスクを高める。一方、肥大した都市でも、過密による環境悪化や環境汚染等の問題を抱えることになった。

1.1.2 新しい農村産業

グローバル化した世界では新たな産業用地と安価な労働力と市場を求めて、資本が国境を越え、海を渡る。都市との経済格差を解消し発展する機会として、農村地域も産業移転を積極的に受け入れている。このような従来型の産業移転では、資本と生産手段は都市に帰属したままで、農村は土地と労働力を提供するのみである。原料は遠方より長距離輸送され、また生産された製品も都市へ海外へと輸送されてゆく。環境法整備が遅れていたり環境基準の緩い農村地域では、産業による環境汚染も懸念される。農村への従来型産業移転は環境負荷を高め、環境汚染を拡散するおそれがある。

このような従来型産業移転に代わる、地球環境時代の新しい農村産業を提案したい。それは地域のローカルなバイオマス資源を利用して低環境負荷、高付加価値の製品を生み出す新しい農村産業である。農村産業のコンセプトを図-Ⅱ.1に示す。それでは、新しい農村産業の特徴を整理しよう。

第一に、ローカルなバイオマスを利用することである。これは従来型産業移転のように原料の長距離輸送に頼らず、最も生産に適した場所で資源を得ることになる。また、バイオマス産業につき物の有機性廃棄物を圃場還元するなど、環境負荷を低減することも容易である。

第二に、現代の社会・市場ニーズに合った高負荷価値製品を製造することである。科学技術の進歩が現代の大量生産・大量消費高負荷型社会を招来したことは事実であるが、一方で生物の持つ驚くべき機能や生物由来の未知の物質を発見し利用する技術も開発されており、使い方によっては低負荷型自然共生社会を実現するテクノロジーにもなる。また、有用物質の生産が最大になるような品種改良、栽培技術開発も、科学技術が貢献できる分野である。

第三に、省資源で環境負荷が小さいことである。農村はインフラ整備が遅れがちであり、大きなエネルギーや資源は投入しにくい。また、処理困難な有毒廃棄物・排水の発生は好ましくない。無害な有機性廃棄物なら、熱利用や圃場還元によって

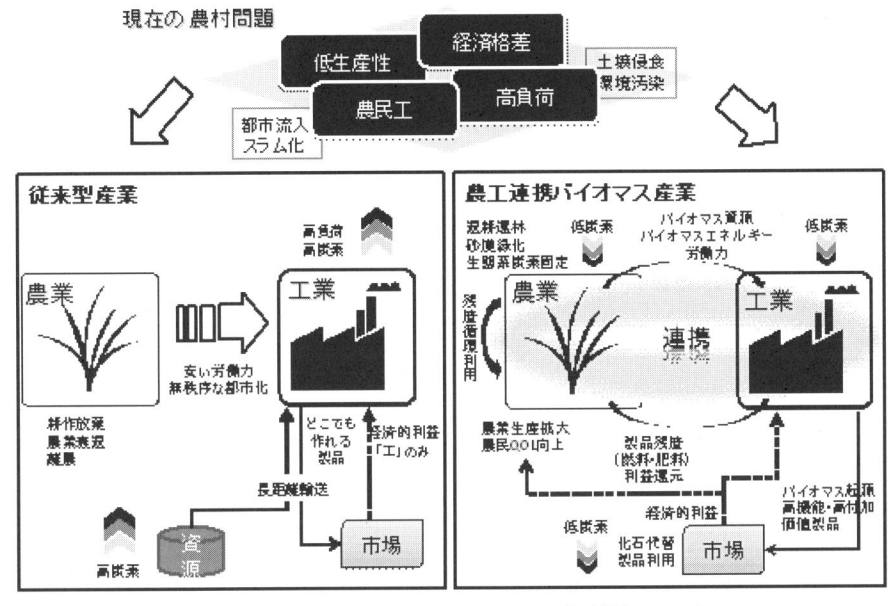

図-Ⅱ.1　新しい農村産業のコンセプト(町村他、2010)

有効に処理可能である。

　第四に、伝統的農業や農村文化を破壊しないことである。経済的効率性を求めると、生産形態は単一品種(モノカルチャー)プランテーションとなる。これは農村の重要な機能である食糧生産や文化の伝承の障害となり、また生物多様性の損失にもなる。

　第五に、小規模分散型生産設備である。バイオマス資源は一般に含水率が高く、総重量中の有用成分の含有率が低いため、原料輸送のコストと環境負荷が大きくなりがちである。生産設備規模が大きくなると、大面積の生産地から原料を集める必要があり、必然的に輸送距離が長くなるとともに、モノカルチャープランテーションを要求することになる。小規模な設備は事業の初期投資を抑制することにもなり、農民の事業参加も容易になる。

　新しい農村産業が以上のすべての要件を同時に満たすことは難しいかもしれない。しかし不可能ではない。本稿では、中国河南省で事業を開始したモデル農村産業を事例として、その設計と運用の実際、低炭素化効果、その他の環境保全効果、社会・経済的効果を検証し、新しい農村産業の挑戦を描く。

1.2　農村低炭素化産業の実際：中国河南省の杜仲産業

　本節は農村低炭素産業のモデル事業として、中国河南省におけるトチュウを用いた産業開発の事例を紹介する。中国政府の推進する西部大開発事業において、黄土高原の退耕還林政策はバイオマスを利用する農村産業を構築するうえで最も重要な政策である。当該地域では黄河流域の傾斜角25度以上の農耕地を砂防と水源涵養のため保護し、今後50年以上森林として維持管理する政策が進められている。しかし、この地域では数千年にわたり多くの農民が畑作による生活圏を構築していることから、畑作の代替となる植物資源を活用した持続可能な農業生産システムの導入が要求されている。森林保護と農民保護が両立する持続可能な植物種の活用が、黄河流域の退耕還林政策を成功させる鍵となっている。

1.2.1　黄土高原の森林と文明

　黄土高原は中華民族発祥の地である。現在は荒漠としたこの地も、数千年前までは豊かな森林であったことが記録によって残されている。黄土高原の森林と文明の関係を図-Ⅱ.2に紹介[1]する。民族の始祖とされる黄帝の廟(陝西省)には伐採を免れたコノテガシワなどが現存しており、当時の森林植生を今に伝えている。その後の歴代王朝では森林伐採が行われ、1267年のクビライによる大都(現在の北京)建設では建設資材として大量伐採されたため森林資源は著しく減少した。これは、文明を支えるうえで必要な森林資源の大量消費により生じた環境破壊である。

　また、図-Ⅱ.2によると、わずか数百年の間に放牧地が500 km以上北に後退し耕作地が拡大している。黄土高原の開墾は土壌浸食を誘発し、失われる農耕地を補うためにさらに開墾を拡大する負のスパイラルに落ち込み、水資源枯渇、黄砂、貧農等の社会問題が数百年以上にわたり続いている。現在でも1億2,000万人の農民が黄土高原での生活を維持しており、環境保護と生活維持の両立が必須の課題である。

1.2.2　退耕還林政策

　退耕還林の目的は生態環境の保護および改善から発し、水土流失が深刻な耕地、砂漠化・塩類集積化・石漠化が深刻な耕地、および食糧の生産量が少なく不安定な

1. 農村産業：新しい仕組みと挑戦

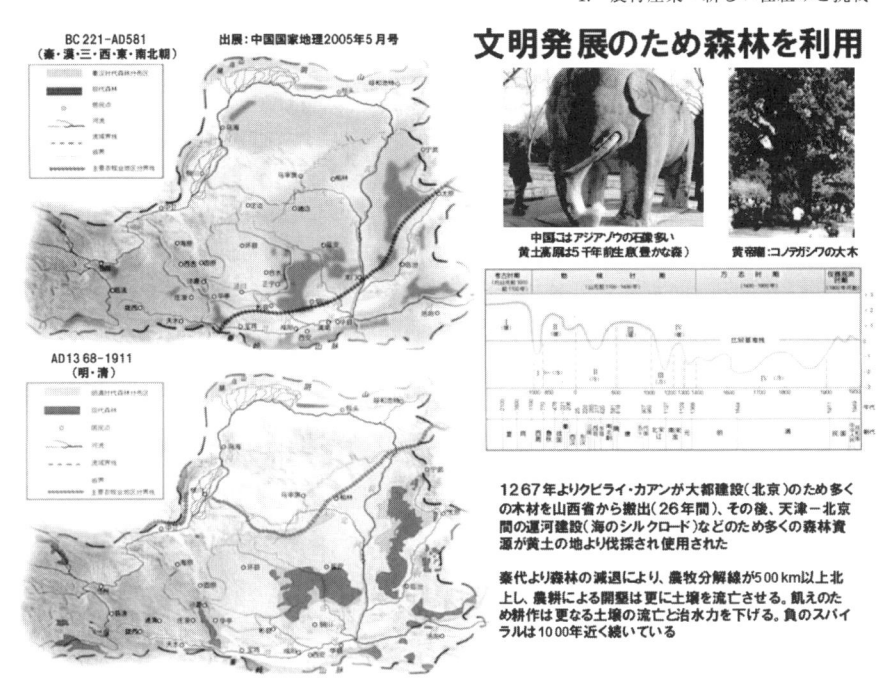

図-Ⅱ.2 黄土の森林と文明の関係

耕地で、計画的かつ段階的に作付けを停止し、「高木がふさわしい土地には高木、灌木がふさわしい土地には灌木、草がふさわしい土地には草」という原則に基づいて土地に合わせた造林植草を行い、植被を回復していくものと提議されている。その原点は、1949年4月に晋西北行政公署が公布した『林木林業の保護発展の暫定条例(草案)』で、「開墾されたが再び荒れた林地は林に還すべきである。森林付近で既に開拓された林地が造林しやすい土地である場合、作付けを停止し、造林すべきである。林内の小規模な農地は耕作を停止し、林に還すべきである」と規定されたことに始まる。1999年、当時の朱鎔基首相は西安、西北6省を視察し、「退耕還林、封山緑化、以糧代賑(食糧で救済する)、家庭請負」という総合措置を打ち出した。その後、四川、陝西、甘粛3省は率先して退耕還林パイロット事業を開始し、これによって退耕還林事業の幕が開いた。

そして、10年が経過し、2009年9月9日陝西省呉起県で開かれた全国退耕還林プロジェクト10周年会議が明らかにしたところによると、1999年から2008年までの10年間に、中国では合わせて2,700万haの耕地が森林に戻された。すなわち、

日本の森林面積を中国は10年で緑化したことになる。これにより農村に変革が現れ、経済と社会にかなりの効果をもたらした。国家林業局の李副局長は会議で、「耕地を森林に戻すプロジェクトの実施には、25の省、自治区と直轄市の3,200万世帯の農家が参加し、その総数は1億2,400万人に及んでいる。また、2008年末までにこのプロジェクトの実施に合わせて1,900億元余りが投資された」と述べた。同副局長はまた、「このプロジェクトは国土の緑化プロセスを大いに加速した。国土面積の82％を占めるプロジェクト実施地域内における森林被覆率は拡大している。また水土の流失と風砂の危害も減り、農民の増収と林業の発展をも促進した」と語った。

農村産業モデルが位置する河南省霊宝市でも、鉱山開発で財を成した農民の羅眼科氏が「天地生態科技公司」を設立し、1997年よりトチュウを植林樹種に用いた退耕還林事業に取り組み、約2,000 haの耕地を10年掛けてトチュウの森林に成長させている。退耕還林事業で重要な点は、その土地に適合した栽培植物を選択し、維持・管理を続けなければならないため、その設計ならび運営には多くの労力を必要としていることである（図-Ⅱ.3）。当該地域は黄土高原の南麓に位置し、雨量は年間600 mmと黄土高原では多い地域である。河南省林業局の技術支援を受けて、同

```
┌─────────────────────────────────────────────┐
│           退耕還林の具体的取組み                │
│ ①傾斜角25度以上の耕地を段階的に植林し50年間以上栽培する │
│ ②1億2,400万人の農民が離農することなく持続可能な社会とする │
│ ③不毛・貧困、負のスパイラルから脱し、農民の所得向上を目指す │
│ ④土壌流亡の防止、治水、風化防止による環境改善          │
└─────────────────────────────────────────────┘
                      ⇓
              何を造林・植樹（栽培）するのか？
                      ⇓
 トチュウ、ウリハダカエデ、アブラマツ、サンショ、サンザシ、ナツメ、アプリ
 コット、スナモモ、アンズ、ナシ、リンゴ、クルミ、ネズミサシ、トウセンダン、
 アブラギリなど

 転業した農家は中国全国で3,200万世帯以上、1億2,400万人に上る。
 自給自足の手段を失った農家に対する食糧補助として、1世帯当たり
 3,500元（約5万6,000円）を支払った計算
```

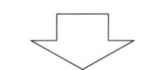

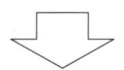

図-Ⅱ.3　退耕還林で植栽する植物の選定が成功の可否を決める

地域ではトチュウの接ぎ木繁殖による雌雄株の制御を実現し、雄性クローンからは春先に開花前の雄花器を採取して、「杜仲雄花茶」という商品を販売している。さらに雌性クローンで多産型の種子形成林を造林し、約60万本の雌株からは種子生産による杜仲油脂の生産販売を開始している。同地域での低炭素産業実施内容は詳細に後述する。

退耕還林政策への日本の国際協力銀行の円借款は、79億7,700万円に達し、造林、植栽等の生態保護プロジェクト面積は5万ha以上、プロジェクト地域内で8万ha以上の耕作地を保護し、80万人以上の居住環境が明らかに改善した。

1.2.3　トチュウとトチュウゴム

トチュウ(*Eucommia ulmoides* Oliver)は、中国中西部の標高600〜2,500mに自然分布する落葉性の喬木で、20m以上の高さに成長する。温帯から比較的低温域までの栽培が可能であり、その産業用途は中草薬の原料、杜仲茶、雄花器を用いた「雄花茶」、種子に含まれる油脂を用いた「杜仲オイル」、および全草に分布するトランス型ポリイソプレン(TPI)を用いたトチュウゴムである。トチュウの学名の*Eucommia*は、ラテン語で「Eu：良質の」、「commia：ゴム質の」という形態学的特徴を示したものである。有名なイギリスのキュー植物園の学術誌は「Gutta-percha from a Chinese tree」と表現[2]しているが、筆者らはトチュウゴム(Eucommia-Rubber : EU-rubber)とグッタペルカノキ(*P. gutt*)から採取されるGutta-perchaとを区別しており、トチュウから産出される長鎖TPIをEU-rubberとして定義している。また、EU-gumという記述[3]もあるが、これらはトチュウの葉より加工された夾雑物の多い低分子TPIとして位置付けしている。そして、Eu-rubberは商用の際には、トチュウエラストマー(Eucommia-elastomer)を商標として称している。ここでエラストマーとは、弾性のある高分子化合物を指す。トチュウエラストマーは非化石起源素材であり、大気中の炭素循環により得られたカーボンニュートラルな工業原料[4]である。

本節後半では、中国河南省で実施中の低炭素化産業の一手段として取り組んでいるトチュウエラストマーの生産開発に関して紹介する。

1.2.4　トチュウ種子バイオマス

トチュウのバイオマスとして利用価値の高い器官は種子である。種子には10%

程度の油脂が含まれており、種皮の果皮には10^7 M に達する超高分子 TPI を 30% 程度含有する。種子の油脂成分を表-Ⅱ.1 に示した。この油脂の特徴として α-リノレン酸を 60% 程度含有しており、健康食品分野への用途開発が期待されている。

植物からの天然ゴム抽出方法の違いを表-Ⅱ.2 に示した。タッピング法は 100 年以上続く天然ゴム採取法で、ゴム産生植物の乳管細胞を傷つけることにより乳液中のゴム成分を抽出する方法である。現在でも熱帯生パラゴムノキから年間 1,000 万 t が同手法により生産されている。さらに、ウルシや松柏類からの樹脂も同様の手法で生産される。有機溶媒抽出法は、乳液としてゴム産出が不可能な植物種（ゴムタンポポやトチュウ）に対して用いられる定石の手法であり、高含有のバイオマス原料および採取条件が良ければ工業生産には適している。しかし、エネルギー効率が悪く、有機溶媒を用いることからも環境負荷も高い。しかも、設備投資が必要となり、集約された工場設備を要する。そこで、われわれは上記の問題を回避するため、新しい抽出法として生物学的手法による TPI 抽出法の開発に至った。

この新たな手法が生物学的腐朽分解法である。本手法は、TPI を含む果皮等の器官に対して木材腐朽菌等により植物組織を破壊させた後、水洗によって TPI のみを直接採取する手法である。この手法により抽出される TPI は乳管細胞のレプリカそのものであり、天然ゴム採取法としては斬新である。われわれは新手法の実証試験として、

表-Ⅱ.1　トチュウ種子の油脂成分表

n–C	16：0	6.9%	パルミチン酸
n–C	18：0	4.4%	ステアリン酸
n–C	18：1	15.4%	オレイン酸
n–C	18：2	13.9%	リノレン酸
n–C	18：3	56.9%	α-リノレン酸
n–C	20：0	0.7%	アラキジン酸
n–C	20：1	0.3%	ガドレイン酸
n–C	22：0	0.5%	ベヘン酸
n–C	24：0	1.0%	リグノセリン酸

表-Ⅱ.2　天然ゴム抽出手法の違い

採取方法（植物）	採取器官（細胞）	性　状	特　徴	実　績
タッピング法（パラゴムノキ等）	連結乳管細胞	乳液	労働集約型労働条件劣悪設備投資小	100 年以上の実績（東南アジア、アフリカ実績、1,000 万 t/ 年）
有機溶媒法（ゴムタンポポ等）	単乳管細胞	乳液・固形	環境負荷大高コスト設備投資大	アメリカ等で実績あり
生物的腐朽分解法（トチュウ）	単乳管細胞	固形	環境負荷小低コスト設備投資小	実績無し ODA での検証あり

NEDO［(独法)新エネルギー・産業技術総合開発機構］の援助によるODA資金により生産のシステム開発を実施した。

1.2.5 トチュウゴム生産実証試験

トチュウの乳管組織中に存在する数μmの繊維状トチュウエラストマーを抽出する技術として、環境負荷を与えずに直接取り出すのを特徴としており、植物が産生・造成した新規素材のトチュウエラストマーを産業シーズとして提供するものである。

(1) ODA（NEDO）実証試験

本実証試験では、生物学的手法による腐朽分解法を実用化に値するTPI生産技術開発として確立することを目指した。2008年度に中国・西北農林科技大学中日杜仲研究所において、腐朽分解菌の探査および分離による種子菌の育種を行った。さらに、実証試験に必要である250t生産規模程度のパイロットプラントの建設を行い、必要な設備配備を完了させた。2009年度では、パイロットプラントをベースとした実証運転試験からTPI数tを試験生産し、実証製造試験による運転ノウハウの蓄積と人材教育を行った。さらに、TPIの生産安定性を検証し品質評価システムを構築して、用途開発に向けて中国から日本国内へ輸送する物流ルートを確保した後に終了した。

(2) サステイナブルTPI生産システム

TPI生産システムについて、図-II.4の原案に従って生産工程を設定した。このシステムは持続可能な農業生産システムを目標にデザインされたものであり、実用的な生産システムの不具合の改良と改善を1年掛けて実施した。この生産システムで注視すべき点は、水や排出される有機・無機物が生産林に還元されるという完結型であり、持続可能な低炭素循環型を示していることである。

(3) TPI生産システムの検証結果

腐朽工程における腐朽菌は、トチュウ林床内の自然発生した天然菌を用いることで恒久的に種菌としての役割で利用できることが判明した。気温上昇期と気温下降期における腐朽状態について、腐朽菌が発生する温度差は10℃ほど違うことがわ

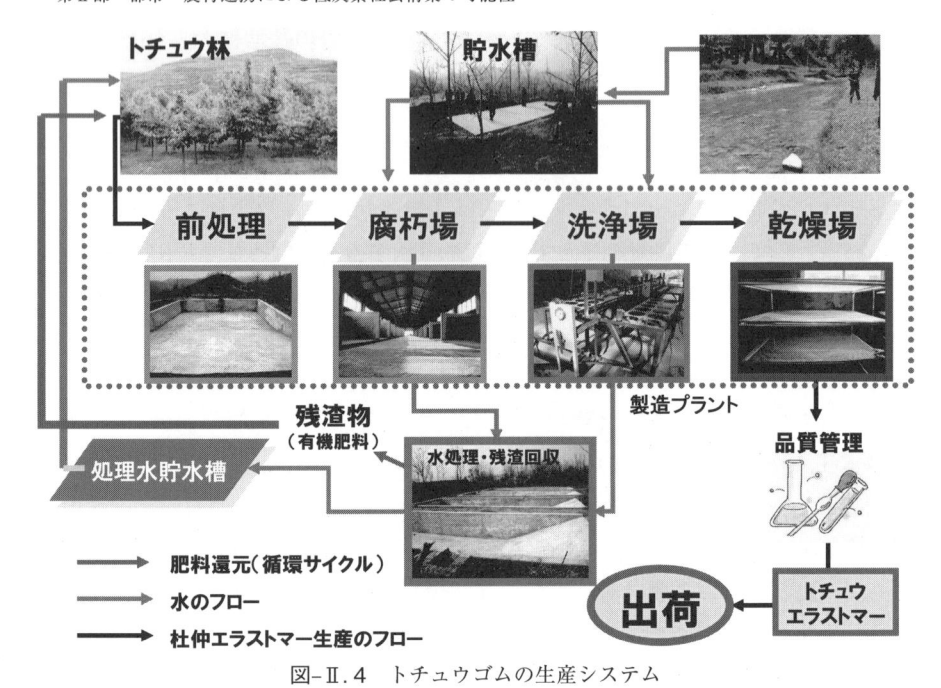

第Ⅱ部　都市・農村連携による低炭素社会構築の可能性

図-Ⅱ.4　トチュウゴムの生産システム

かった。この温度差による洗浄効率への影響は検証中であるが、腐朽時間を延ばすなど物理的な対応で補完可能と考察される。

最大の問題点である洗浄設備に関しては、試作機を数台作成し、性能試験データを取得した。性能の向上には手仕事の作業プロセスを機械化することによって向上させたが、現在でも引き続き洗浄効率化の検証を実施中である。

1.2.6　まとめ

中国河南省におけるトチュウ産業開発の取組みに関してその一部を紹介した。ひとつの植物を用いて実際の産業を起業することは非常に困難な話である。産業化のためには、研究開発と事業化との間にある死の谷という困難を乗り越えなければならない。これは、どの国でも同じ生みの苦しみである。トチュウは様々な用途開発を可能とする徳用樹種であることに間違いはない。

中国においては、退耕還林政策のモデル事業として、水源涵養林の保護と農産物生産により農民生活圏の保護を両立することができる。さらに、トチュウエラスト

マー事業により現金収入が農民に還元されることにより、所得が向上することから、農村地域社会全体の生活の質の向上を図ることが可能である。また、環境政策と和諧事業（階層、地域、民族等の調和と公平を目指す事業）を重要視している当該国の退耕還林政策として、トチュウゴムのシステム開発は太陽エネルギーにより大気中の炭素を固定し持続可能な農村社会を形成させる初めての事例として寄与される事業となりうる。この河南省でのトチュウ産業の発展について、長期的視野における持続的発展を中国の杜仲人とともに歩んでいく予定である。

1.3 農村産業の低炭素化効果と多様な便益

1.3.1 農村産業の多様な便益

現代の農村における環境、社会、経済の様々な問題を同時に軽減するひとつの解として新しい農村産業の評価を行おう。1.1で定義したように、新しい農村産業はローカルなバイオマスを利用して様々な高付加価値製品を製造する。バイオマス生産と製品加工過程は低投入・低負荷であるべきである。また、事業は経済的に自立し、収益は農村や農民に還元されるべきである。本節は1.2で紹介した中国河南省霊宝市のトチュウバイオマス産業をモデルとし、低炭素効果、その他の環境保全効果、農村および農民に対する社会・経済的効果を検証する。

1.3.2 低炭素化効果

新しい農村産業が従来の産業と比べて低炭素であるか、比較評価することとする。ここで、2つの系における炭素収支を比較する必要がある。すなわち、バイオマス生産を行う農地・植林地等の生態系と製品加工過程の製造系である。

はじめに、図－Ⅱ.5によって生態系の炭素循環を理解しよう。植物は光合成によってCO_2を吸収する一方で、生命維持と成長のための呼吸によってCO_2を放出している。植物が正味吸収するCO_2量は光合成と呼吸の差であり、これを純一次生産(net primary production；NPP)という。植物の成長によって固定された炭素の一部は、落葉、落枝、根の更新、枯死等によって土壌に供給される。これをリターという。土壌中の生物（ミミズ、菌類、細菌等）は主に死んだバイオマスや有機物を食べる腐食生物で、リターを分解して呼吸によってCO_2を放出する。土壌生物に

図中ラベル: 純生態系生産(NEP)、純一次生産(NPP)、純生物圏生産(NBP)、収穫、有機肥料、土壌呼吸

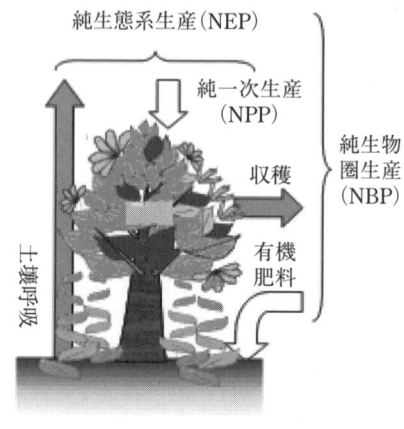

図-Ⅱ.5　生態系炭素循環

よる呼吸量を植物による呼吸と区別して、土壌呼吸という。生態系の炭素収支は、NPPから土壌呼吸を引いた差である純生態系生産(net ecosystem production；NEP)で表す。NEPは自然の生態系のCO_2吸収量である。農地や植林地では、自然の炭素循環に加えて人為的な炭素移動が発生する。すなわち、播種、植林、有機肥料の施用は外部から生態系への炭素移入であり、収穫、伐採、間引き、間伐、除草、剪定等は、生態系から外部への炭素移出である。人による管理を行う生態系の炭素収支はNEPにこれらの人為的炭素移動を加えたもので、これを純生物圏生産(net biome production；NBP)という。

　モデル農村産業地区の主なバイオマス種であるトウモロコシ畑、ハリエンジュ植林地、トチュウ植林地の生態系炭素収支を比較してみよう。トウモロコシは退耕還林前の作物、ハリエンジュは退耕還林樹種としてこの地域でよく植林される。農作物は1年で収穫されるので炭素収支の経年変化は小さいが、樹木は樹齢によって成長量が変化することとともに土壌に供給されるリター量も年々変化するため、植林地の炭素収支も樹木の成長によって変化する。ここでは成長量が大きい若齢木(13年生)で比較した(表-Ⅱ.3)。肥料を施用して収量を上げるトウモロコシのNPPやNEPは大きいが、毎年収穫を行うため圃場での炭素蓄積はなく、NBPはゼロである。育成管理を行わないハリエンジュのNEPとNBPは小さい。また、30年生で伐採して材を林地から持ち出すことを考慮すると、NBPはほぼゼロとなる。一方、育成管理したトチュウは成長が早く、大きなNPPとNEPを示す。また、原則的にプランテーション更新を行わないため生態系への炭素蓄積が大きく、大きなNBPを示す。このように、毎年収穫を行う農作物には生態系への炭素蓄積はなく、短期で伐採する樹木の場合は生態系での炭素蓄積は一時的であると考えるべきである。

　次に、バイオマス生産から製品加工までの製造系の炭素収支を考えよう。このようなライフサイクル評価(LCA)では、一般に製品数量当り、または製品価値当りのインベントリーを行うが、ここでは生態系炭素収支と比較するため、単位土地面積

表-Ⅱ.3 中国河南省のモデル農村産業地区における3種の代表的土地利用における生態系炭素収支の比較($t-CO_2$/ha/年)。ハリエンジュとトチュウは13年生での値[町村他(2009)から計算]

炭素収支項	トウモロコシ	ハリエンジュ	トチュウ
純一次生産(NPP)	31.5	10.3	24.6
リター	8.4	6.6	6.6
土壌呼吸	18.3	7.7	8.1
純生態系生産(NEP)	13.2	2.6	16.5
伐採・収穫	23.1	0.0 (3.3*)	9.5
有機肥料施用	9.9	0.0	2.2
純生物圏生産(NBP)	0.0	2.6 (−0.7*)	9.2

* ハリエンジュの伐採時の炭素量の当年成長分を計上した場合

から製造される製品から発生するCO_2量を評価する。まずバイオマス生産(栽培・収穫)過程では、トラクターやチェーンソー等の機械や灌漑ポンプの運転によってCO_2が発生する他に、種子、苗木、化学肥料、農薬、農業用フィルム等の資材の生産および輸送によるCO_2発生を計上する必要がある。トウモロコシ、ハリエンジュ、トチュウを比較すると、トウモロコシは肥料を大量に施用するので化学肥料製造のためのCO_2発生が大きい。トチュウでは生育初期の灌漑および施肥と毎年の収穫・剪定作業でCO_2が発生する。ハリエンジュでは育成管理を行わないため、バイオマス生産段階のCO_2発生はほとんどない。

収穫したバイオマスからの製品加工過程では、トウモロコシは生食用、ハリエンジュは丸太として出荷するので、CO_2はほとんど発生しない。トチュウの収穫物からは、雄花から雄花茶、果皮からトチュウゴム、子実からバイオディーゼル燃料(BDF)を製造する。雄花茶の製造には、焙煎のためにエネルギーを消費する。トチュウゴムの製造には、果皮の腐食・破砕、高圧洗浄、遠心脱水の各過程でエネルギーを使用する。BDFの製造には、子実からの搾油、BDF精製のためのエネルギーと添加薬品(メタノール、水酸化ナトリウム等)の製造のためにCO_2を排出する。バイオマスの生産と加工の過程では一般に様々な残渣が発生し、これら廃棄物・排水の処理時にもCO_2が発生する。モデル農村産業においては、トウモロコシの茎葉、トチュウやハリエンジュの剪定枝や落葉、トチュウゴムや油脂を採取した後に残る汚水と汚泥等である。この地域では、トウモロコシの茎葉は家畜飼料、剪定枝は家庭の燃料にリサイクルされる。また、トチュウの果皮・子実残渣を含む汚泥は有機

肥料として、汚水は灌漑水として圃場に還元されるため、廃棄物・排水処理によって発生するCO_2は事実上ない。以上より、トウモロコシは栽培時の大量の化学肥料使用によってバイオマス生産時CO_2排出量が最大であり、様々な製品を加工するトチュウは製造系のCO_2排出量が大きかった。

農村産業の低炭素効果の評価にもうひとつの視点がある。それは農村産業から製造されたバイオマス製品および副産物(有機性残渣)を利用することで化石資源起源の製品や燃料の消費を削減できた場合、両者のライフサイクルCO_2発生量の差だけ排出を削減できたことになる。これを化石資源代替効果という。モデル地区の場合、トチュウから製造したBDFやトチュウの剪定枝をエネルギー使用することで石油ディーゼルや石炭の消費を削減できる。また、トチュウゴムによって石油起源の合成ゴムを代替できる。バイオマス燃料の燃焼時に発生するCO_2は、資源再生時に光合成によって大気から回収されるので、発生量に加えないというルールがある。これをカーボンニュートラルという。トチュウから製造したBDFと剪定枝も、カーボンニュートラルである。同じ考え方を非エネルギーバイオマス製品に適用すると、トチュウゴムもカーボンニュートラルであり、廃棄・焼却時のCO_2をライフサイクルCO_2発生量に加えなくてよい。この考え方で、BDF、剪定枝、トチュウゴムのライフサイクルCO_2をそれぞれ石油ディーゼル、石炭、合成ゴムと比較すると、化石資源代替効果は表–Ⅱ.3のようになった。

以上を整理すると、農村産業における低炭素化効果は生態系におけるCO_2吸収(生態系)、バイオマス生産と製品加工時の発生CO_2(製造系)、化石資源代替効果の収支で決まる。生態系のCO_2吸収を増すには長寿命の樹木を選択し長伐期育成すること、製造系のCO_2発生を減らすには低エネルギー消費プロセスを選択すること、化石資源代替効果を増すためには副産物の有効利用を図ることが効果的である。

1.3.3 環境保全効果

アジアの農村の伝統的な土地利用・農業形態にアグロフォレストリーがある。アグロフォレストリーは耕地での主食穀物栽培に加えて、耕地や家屋周辺で樹木を含む多様な植物を栽培し、複合的に利用する農法である。樹木としては薪炭材、建材、家具や道具の材料となる樹種や果樹を植え、草本植物としては野菜の他、薬草や花を栽培する。生垣にも山椒等の食用種を植栽する。耕地や家屋を囲む林地は防風林、防砂林でもあり、また木陰は家畜の休憩場所にもなる。区画整理された大面積の圃

場で灌漑を行い、機械力を投入して単一作物を栽培する現代の農法は、土地生産性、労働生産性ともに優れているが、様々な脆弱性を伴う。それは例えば大雨、旱魃、低温等の気候変動による不作、病気や害虫の蔓延、穀物価格の下落等である。また、生物多様性や、様々な植物を生活に活用することで育まれた農村の多様な文化を失うことにもなる。異なる作物や樹木を組み合わせて栽培することで、これらのリスクは分散される。長年にわたる厳しい自然環境との共存の中から、様々な知恵が生み出され継承されてきた農法がアグロフォレストリーといえる。

モデル農村産業地区において、トチュウはポプラ、ハリエンジュ、アブラギリ等とともに農村内で古くから栽培され、医薬品原料になることから貴重な現金収入源であった。紀元前300年頃に著された古代の薬学書『神農本草経』にも記述があるトチュウは、腎臓、肝臓、強壮等に高い薬効を持っている。しかしこのような価値が災いして、乱伐によってトチュウは一時絶滅の危機に追い詰められた。保護活動と持続可能な利用を図る植林によって、近年ではようやく分布と個体数を回復してきた。トチュウはこの地域のアグロフォレストリーを支える重要な樹種となった。

モデル農村産業地区を含む黄土高原において、最大の環境問題は土壌侵食である。黄土高原は、中国北西部の広大な乾燥地帯から風で運ばれた黄土が厚く堆積した台地である。黄土は、世界でも非常に侵食性が高い土壌である。この地域の降水量は決して多くはないが、夏季に集中する降雨によって土壌が侵食され、至る所に急峻な侵食崖が見られる。侵食は現在も収まることなく続いていて、新しく崩落した斜面は黄赤色の裸の土壌をさらしている。農民は急斜面に段々畑を築くが、その畑も半ばで垂直な崖に切り取られている。土壌侵食量は、多い場所で年間200 t/haにのぼる。このような黄土高原で、退耕還林政策がいち早く実施されたのである。

それでは黄土高原の急斜面に植林を行うと、土壌を保全できるのだろうか。世界中で広く用いられている土壌浸食量予測式であるUSLE式を用いて比較しよう。USLE式は降雨による土壌侵食量を、降雨の力学エネルギー(降雨係数)、土壌の侵食性(土壌係数)、基準斜面(斜面長20 m、勾配5度)に対する流亡比率(地形係数)、裸地を基準とする植被の保全効果(作物係数)、平畝・上下耕を基準とする畝立て方向・等高線栽培等の保全的耕作の効果(保全係数)の積で推定するものである。退耕還林の対象となる斜面勾配25度、斜面長20 mの黄土斜面では、土地利用が耕地であると年間86.8 t/haの土壌が流亡するが、ここにハリエンジュ植林やトチュウ植林を行うと、それぞれ14.9、6.9 t/haの流亡に抑制できる。植林の効果は顕著である。

植林は風による土壌侵食（風食）も軽減する。黄土高原で冬から春に吹く強風は肥沃な表土を奪って土地生産性を下げるだけでなく、砂塵による呼吸器疾患等の健康被害も引き起こす。黄土の砂塵は海を渡って遠く日本にまで運ばれる。黄砂である。冬から春の耕地は乾燥した裸地状態に近く、風食抵抗性が低い。植林地は地面近くの風を和らげるほか、落葉や下草の層が土壌を保護する。モデル農村産業地区に暮らす農民は、トチュウ植林が広がってから砂嵐が減ったと実感しているという。

1.3.4 社会・経済的効果

農村産業は事業として経済的に自立し、また農村社会や農民の福祉に貢献するだろうか。モデル農村産業地区の河南省霊宝市では、ローカルなバイオマス資源を利用する産業としてトチュウの他にリンゴ加工産業があるが、両者は事業形態が対照的である。両者を比較することによって、農村社会と農民福祉に農村産業がいかに寄与しうるかを考える。

リンゴは霊宝市の特産物の代表であり、中国第一の産地である。半乾燥地でのリンゴ栽培には灌漑施設を必要とし、また肥料を多用し、年間2度の剪定を行うなど、集約的栽培管理が必要である。収穫されたリンゴは、巨大な工場で濃縮果汁ジュースに加工され、中国全土だけでなく海外へも輸出される。産業が乏しいこの地区で、リンゴは基幹産業の一翼である。加工工場は大規模生産施設で大量の製品を生み出すことで原価償却やコストの削減等の経済的なスケールメリットがあるため、必然的に多くの労働力と大量の原料供給を必要とする。この地区のリンゴ園の広さは、見わたす限りである。果汁工場は労働力を得やすい中心市街近くの工業団地に立地している。

一方、トチュウ林は退耕還林対象となる斜面を利用するため、各所の集落に分散している。苗木の定植後は若干の施肥と灌漑を行うが、数年に1度の剪定以外の栽培管理は比較的粗放的で、収穫期に農民を雇用することで賄われている。モデル産業のトチュウゴム加工工場は非常に簡素で、果皮の腐朽ピット、粉砕機、高圧洗浄機、沈殿池等の設備とトラクターが1台あるだけである。したがって、初期の設備投資も小さく、少ない資本で開業しうる。事業収益はリンゴ果汁工場とは比較にならないほど小さいが、利益率・労働分配率は高い。

以上の2つのバイオマス産業モデルのどちらが、より農村社会と農民の福祉に寄与しうるだろうか？ 地域経済へのインパクトは大規模集約型産業であるリンゴ果

汁産業の方が明らかに大きいが、様々な負の側面も考えられる。大面積のプランテーションによる生物多様性や文化多様性の損失、受益者の範囲が狭く地域内での経済格差が拡大するおそれや、農民への利益還元が少ないこと等である。一方、粗放分散型農村産業であるトチュウ産業は、既存の農業生産形態や農村コミュニティーとの親和性が高く、様々な土地利用モザイクを残しつつ急斜面を緑化していくため、生物多様性や文化多様性は保存可能である。コンパクトな事業であるため、農民自身が事業参加することも可能であろう。経済効率だけでなく、多様な評価尺度から見ることが重要である。

　ローカルバイオマスを利用する農村産業が事業として自立することは不可能でないが、農村産業が持つ多様な便益、特に環境便益を経済利益に移転できれば、経営の安定化ないし農民の利益に貢献するだろう。トチュウ産業による環境便益のうち、土壌保全効果と低炭素効果の経済評価が試みられた。土壌保全効果は、事業前の耕地と比較して抑制される土壌流亡量に対して、2つの原価で経済評価された。第一に流亡土壌がダムや河川に堆積した場合、これを除去する費用は、土壌1t当り8.64元であった。第二に流亡土壌に含まれる肥料成分を化学肥料の市場価値で換算すると、1t当り158元であった。これより、トチュウ林1haの土壌保全効果は年間13,300元と見積もられた。次に1.3.2で計算したCO_2削減量を炭素市場価格で換算すると、トチュウ林1haの低炭素効果は年間900元であった。これらの環境便益の合計金額は、年間事業収益に匹敵する。他にも、砂塵抑制による健康被害防止も経済価値を持つ。ダムや河川の土砂堆積削減は、水道事業者や下流の都市民にも利益をもたらす。1.4に述べる炭素のクレジット化も含め、環境便益を経済利益に転換する仕組みがあれば、地域における農村産業の価値はより高まるだろう。

1.4　農村産業による炭素クレジットとCDMの課題

　2007年のノーベル平和賞を受賞したIPCC(Intergovernmental Panel on Climate Change：気候変動に関する政府間パネル)の第4次報告書[9]によれば、「地球温暖化は疑う余地がなく」、その原因は「人為起源の温室効果ガス(GHG)の増加によってもたらされた可能性がかなり高い」とされている。同報告書をもとに環境省が試算した地球規模での炭素収支は、自然吸収量31億炭素tに対して人為的排出量が72億炭素tとなっており、自然吸収量に比べ人為的排出量が2倍以上上回っている。

自然吸収量の増加と人為的排出量の削減を図り、これらをバランスさせることで、地球上全体の大気中の GHG 濃度を安定化させることが重要であるとしている[10]。農村産業において、炭素の人為的排出量を削減するには前述の都市・農村連携プロジェクト開発が大きなポテンシャルを有していると考えられる。一方、農村産業において、炭素の自然吸収量を増加させるためには、人為的な新規植林・再植林等により森林を形成し、大気中の CO_2 を光合成により森林に固定吸収させることが有益である。しかしながら、人為的植林事業の実施には、巨額の初期投資費用、長期にわたる管理費用、人的労力等が必要であり、採算性がきわめて厳しくなるため、事業として成立させることが困難とされている。そこで、森林に固定吸収させた CO_2 量を炭素クレジットとして経済価値を付加して事業採算性を向上させる、吸収源 CDM(Clean Development Mechanism：クリーン開発メカニズム)が期待されており、多くのプロジェクトがここ数年で開発されてきている。本節では吸収源 CDM の概要、炭素クレジット取得までの流れ、炭素クレジットの計算方法、また、国連登録プロジェクトの紹介を通して、吸収源 CDM の課題について解説する。

1.4.1 吸収源 CDM 概要

CDM とは、気候変動枠組条約下において、GHG の削減義務を負っている先進国と義務を負っていない途上国が共同で GHG 排出削減プロジェクトを実施し、達成された GHG 削減分の一部を CER(Certified Emission Reduction：認証排出削減量)炭素クレジットとして、先進国が自国の削減量として充当することを認める制度である。GHG 削減プロジェクトは、排出源プロジェクトと吸収源プロジェクトの2種類に大別され、吸収源 CDM は、人為的植林活動等により CO_2 の吸収固定を行う CDM のことでる。

京都議定書では、1990 年以降に人為的活動(新規植林、再植林、森林減少防止、森林経営)が行われた植林だけが GHG の森林吸収量カウント対象として認められており、議定書締結国の自国内吸収量をカウントする場合、森林経営や農地管理、放牧地管理等が対象になるが、吸収源 CDM の場合、第一約束期間(2008～2012 年)においては、新規植林および再植林に限定して実施できることになっており、森林経営や農地管理は除外されている。新規植林は、対象地が少なくとも過去 50 年間は森林ではない土地であることと定義しており、再植林は、過去森林であったが、土地劣化等により森林が消失した土地(第一約束期間では、1989 年 12 月末に森林

でない土地に限定)を森林に転換する行為と定義付けられている。吸収源 CDM プロジェクトを開発する場合、対象とする土地がこれら定義された土地である「土地の適格性」を証明するために、植林対象地域の林業局等から、多くのデータ、資料(衛星写真資料、土地登録簿等)等、あるいは地元住民からのヒアリングデータ等を集める必要があり、大変な労力を必要とする課題が存在する。

また「土地の適格性」の証明と並んで、「追加性」の証明が必要とされている。「追加性」の証明とは、吸収源 CDM プロジェクトを実施することにより、実施しなかった場合と比べて、植林による人為的 GHG 吸収量が増加すること、また、吸収源 CDM プロジェクトは炭素クレジットというインセンティブがあって初めて成立することをともに立証することである。前者は、ベースライン・アンド・クレジット法と呼ばれる手法により、プロジェクト活動による純炭素吸収量と「ベースラインシナリオ」における炭素吸収量を比較することにより証明する。「ベースラインシナリオ」とは、吸収源 CDM プロジェクトがなかった場合に想定される炭素吸収量の変化を表すシナリオであり、プロジェクト境界内における炭素蓄積量の既存の変化量または歴史的変化量を証明すること、経済的に有効な土地利用をした場合の炭素蓄積量変化を証明すること、最も起る可能性があると考えられる土地利用をした場合の炭素蓄積量を証明することのいずれかの手法によって立証する必要がある。後者は、投資分析またはバリア分析等の手法を利用する。投資分析では、投資判断指標の1つである、IRR(Internal rate of return：内部収益率)等を利用して、プロジェクトがなかった場合、IRR はベンチマークを下回るが、プロジェクト実施により炭素クレジットに金銭的価値がついて売却できれば、売却収入によって IRR はベンチバークを上回るのでプロジェクトの実施が可能になるなどを証明することになる。ベンチマークは通常、対象地域で BAU(business as usual：通常のビジネスとして)として事業実施をする場合の投資判断基準等を用いることが多い。バリア分析ではプロジェクトの実施には、投資バリア、制度バリア、技術的バリア、地域の伝統によるバリア、一般的慣習によるバリア、地域の生態条件によるバリア、社会的条件によるバリア、土地権利に関するバリアが存在するが、プロジェクトが登録され炭素クレジットが得られることで、このようなバリアが取り除かれ、プロジェクトの実施が可能になるなどを証明することになる。このような「追加性」の証明は厳格に審査されるので、いかに論理的に証明するかが技術的課題である。

吸収源 CDM には、炭素クレジット訴求期間に、①最大20年、2回更新可能(最

長60年)、②最大30年、更新なし、の2種類があり、プロジェクト参加者が自由に選択できるとしている。吸収源CDMからの炭素クレジットは、排出源CDMのそれと同じく、事業登録後のモニタリング活動、DOE(Designated Operational Entity:指定運営機関)による検証・認証を経て、国連事務局を通じて発行される。初回の検証・認証のタイミングは、プロジェクト参加者が決定できるが、第2回目以降は初回検証・認証後5年ごとに実施することと定められている。排出源CDMでは、エネルギー効率改善や省エネプロジェクト等を実施した事実は不変で、大気中のGHGを減らした効果は、永続すると考えられている。一方、吸収源CDMの場合、樹木が成長過程でCO_2を吸収・固定しても、伐採時や山火事に遇った場合、吸収・固定していたCO_2が排出され、再び大気中に戻ってしまう。このように植林によりCO_2を吸収・固定する温暖化防止効果には永続性がないと考えられるので、そこに生じる炭素クレジットもまた非永続的であると考えられている。この「炭素クレジットの非永続性問題」は、吸収源CDMが排出源CDMと大きく異なる点であり、吸収源CDMに独特の問題といえる。この非永続性に伴うリスクを回避するため、COP9ではtCER(Temporary Certified Emission Reduction:短期期限付認証排出削減量)炭素クレジットとlCER(Long term Certified Emission Reduction:長期期限付認証排出削減量)炭素クレジットという定義が定められた。事業者はそのいずれかを選択することができるが、選択したCERの種類を炭素クレジット期間中に変更することはできないとされている。このようにtCERもlCERも期限付きの炭素クレジットであり、そのため、tCERは発行した約束期間の次の約束期間末に、lCERは当該炭素クレジット期間の終了時、または更新可能な炭素クレジット期間が選択された場合は、当該プロジェクトの最終炭素クレジット期間の最終日に失効することとなり、両方とも失効前に他の炭素クレジットで補填しなければならないという「炭素クレジット補填」というクレジットの性質に関わる課題が存在する。

　排出源CDMと同じく、吸収源CDMも、炭素吸収量により小規模プロジェクトと通常規模プロジェクトの2種類に分けられている。小規模プロジェクトの上限CO_2吸収量は、COP9で年間8,000 t(ユーカリの場合約300ha、原生種の場合約1,000 haに相当)とされていたが、2007年に開催されたCOP/MOP3で年間16,000 tに引き上げられた。吸収量の超過分については、CERの発行は認められない。また、対象地の低所得層のコミュニティがプロジェクトに関与することが必要とされている。小規模プロジェクトの場合、排出源CDMと同様、通常規模と比較して、簡素

化された手続き、ルールが設定され、プロジェクトを設計するうえでの記載項目および内容等も簡略化されており、通常規模プロジェクトに比べ取り組みやすくなってきているのは大きなメリットである。

1.4.2　炭素クレジット取得までの流れ

　吸収源 CDM において炭素クレジットを取得するためには、植林プロジェクトの国連への申請から登録、国連による炭素クレジットの認証から発行までの手続きが必要である。これら炭素クレジット取得までの一連の手順は、排出源 CDM と同じであり、図-Ⅱ.6 に示すように、「事前調査」、「PDD（Project Design Document：プロジェクト設計書）作成」、ホスト国政府・投資国政府の「LoA（Letter of Agreement：承認レター）取得」、「DOE 選定」、「有効化審査（Validation）受審」、「国連登録申請」、「国連審査の受審」、「国連登録」等の一連の流れとなっており、非常に手続きが煩雑であり審査が厳格となっている。国連への申請から炭素クレジット取得までには 2～3 年かかるのが通常であり、プロジェクト参加者はこの間先行投資によりプロジェクトを進行し大きな投資リスクを負うことになる。これら一連の詳細な説明については、林野庁のホームページ[11]等に記載されている。

　DOE および UNFCCC の厳格な登録審査より、プロジェクトが登録された後は、プロジェクト対象植林地の運営・管理が大きな課題となる。実際の植林活動に関わる関係者が多く、土地の範囲も広いため、森林火災や豪雪等不可抗力による悪影響以外に、様々な課題がある。例えば、植林対象地域は広く、各現場が離れているため、管理が容易でないことが考えられる。また、実際の植林面積は PDD に記載された植林面積より少なくなる可能性がある。これは、地元の農民から土地を借りて植林するプロジェクトの場合、農民は経済上の理由で商業植林実施者等の植林実施者に土地を貸し出し、CDM プロジェクトの事業実施者に貸さなくなったり、植林対象として選択された一部の土地の標高が高く、かなり辺鄙な場所にあるため、植林しても採算が合わず、事業実施者が植林対象地から外してしま

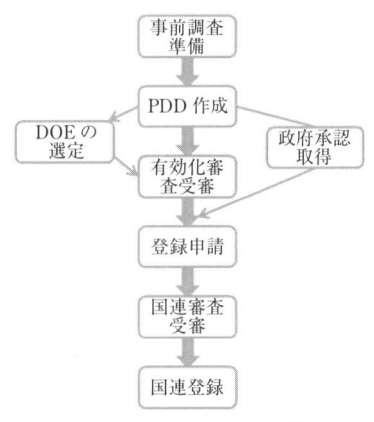

図-Ⅱ.6　炭素クレジット取得までの流れ

うなどのことが想定されるためである。また、地元の地域住民が無許可で対象地での森林伐採を行う可能性等も想定しておく必要がある。これらの他に一般的な植林事業としての採算リスクもプロジェクト登録後の大きな課題である。

1.4.3 吸収源CDMの炭素クレジット算出方法

吸収源CDMの炭素クレジットはプロジェクト実施によるGHG吸収量を正確に算出することで算定される。植林プロジェクト実施による純人為的吸収量は下記式によって算出される。

　　　　純人為的吸収量＝現実吸収量－ベースライン純吸収量－リーケージ

現実吸収量とベースライン吸収量は、それぞれ対象バイオマスの①地上部バイオマス量、②地下部バイオマス量、③枯死木、④落葉、落枝、⑤土壌有機物量を評価することになっている。これらの値の推定は、実測による方法と文献値等の既知データを使用することが可能である。実測による方法は「森林立地調査法」等の文献[12]に詳細が記載されている。既知データを使用する場合は、出典を明記したうえで、「公的統計」、「専門家の判断」、「著作データ」、「LULUCF等のデフォルト値」、「商業データ」、「科学論文」等を用いることが可能である。

リーケージとは、植林プロジェクトがない時にはカウントされないが、プロジェクトを実施することによって増加する温室効果ガス量のことである。例えば、プロジェクトを実施することにより、既存の土地に植生していた立木をチェーンソーで伐採したり、草刈り機で草地を整地したりした場合、農業器具の使用により燃料消費により化石燃料が使われる場合等はこれらをカウントする必要がある。また、プロジェクトにより苗木を植えた後、数年間、窒素系肥料の施肥を実施する場合、施肥による窒素分がN_2O（亜酸化窒素）として排出されるGHG量を、肥料1kg当りN_2Oの発生量12.5gというデフォルト値を用いてカウントする必要がある。リーケージに関しては、他にもプロジェクトを実施することにより増加する温室効果ガス量がある場合はすべての値を計上する必要がある。

1.4.4 吸収源CDMの状況

2010年1月10日現在、吸収源CDMとして国連登録を果たしたプロジェクトは表-II.4に示す11件あり、全CDMプロジェクト（登録件数：2,014件）の0.55％となっており、登録件数が少ないのが現状である。また、登録された11のプロジェ

クト以外に、UNFCCC の専門家チームや CDM 理事会による審査を受審中のプロジェクトが 3 件あり、さらに 59 件のプロジェクトが DOE による「有効化審査」を受審している（UNFCCC ホームページによる）。表を見ると、2006 年 11 月に中国の吸収源 CDM プロジェクトが登録されて以降、2 年間以上も新しい登録プロジェクトがなかったことがわかる。登録プロジェクトの数が少ない原因としては、「土地の適格性」証明の困難さや「炭素クレジットの非永続性」、「炭素クレジットの補填」等、吸収源 CDM 特有の課題以外に、吸収量を算定する方法論およびバウンダリー設定の複雑さ等の技術的課題が指摘されている。2008 年年末以降、CDM 理事会は吸収源 CDM プロジェクトの実施促進へ向け、方法論およびバウンダリーの設定等を大幅に簡素化した。この結果、表-Ⅱ.4 に示すように 2009 年に入り登録案件が 10 件増となり、ようやく吸収源 CDM を推進する体制が整えられたところである。登録案件数は増加しているものの、これらの案件が採用している方法論は表-Ⅱ.5 にまとめたとおり 4 つの方法論に絞られる。排出源 CDM の方法論と同様、作成、承認された方法論であっても適用条件等が厳格であるなど、汎用性に欠けるという課題がある。

　吸収源 CDM は上述のように様々な課題を抱えているのが現状である。しかしながら、地球規模での炭素バランスを保つためには、炭素の人為的排出量削減に努め

表-Ⅱ.4　吸収源 CDM 登録プロジェクト一覧（2010/1/10 現在）

登録番号	登録日	方法論番号	ホスト国	CER 買手	予想削減量 (t-CO_2/年)
547	2006/1	AR-AM0001	中国	イタリア、スペイン	25,795
1948	2009/1	AR-AM0002	モルドバ	スウェーデン、オランダ	179,242
2345	2009/3	AR-AMS0001	インド		11,596
2363	2009/4	AR-AMS0001	ベトナム		2,665
2241	2009/6	AR-AM0001	インド		57,792
2510	2009/6	AR-AMS0001	ボリビア	ベルギー	4,341
1578	2009/8	AR-AMS0001	ウガンダ	イタリア	5,564
2694	2009/9	AR-AMS0001	パラグアイ	日本	1,523
2700	2009/11	AR-AM0003	中国		23,030
2715	2009/11	AR-AM0003	ペルー		48,689
2714	2010/1	AR-AM0003	アルバニア	イタリア	22,964

（出典：UNFCCC ホームページ）

表-Ⅱ.5 吸収源 CDM 登録された方法論

方法論番号	登録件数	タイトル
AR–AM0001	2	劣化地の再植林（抹消、AR-ACM0002 に組込み）
AR–AM0002	1	新規植林・再植林による劣化地の回復
AR–AM0003	3	植樹、天然植生更新補助およ及び家畜放牧管理による劣化地の新規植林・再植林（末梢、AR-ACM0001 に組込み）
AR–AMS0001	5	草地また又は耕作地における小規模 A/R–CDM1 プロジェクト活動のための簡易方法論

（出典：UNFCCC ホームページ）

るばかりでなく、炭素の自然吸収量を増加させる努力も同じ規模で検討されることが重要であり、今後、吸収源 CDM プロジェクト開発がおおいに期待されていくものと思われる。また、京都議定書第 2 約束期間以降では、吸収源 CDM 制度が継続して利用できることが望まれるとともに、REDD（Reducing Emissions from Deforestation and Degradation: 森林減少・劣化の抑制等による温室効果ガス排出量の削減）、NAMA（Nationally Appropriate Mitigation Actions by Developing Country Parties：途上国による気候変動緩和行動）等の新規メカニズム下においても、様々な課題を簡素化して吸収源炭素クレジットを利用した、自然吸収量増加プロジェクトが発展していくことが期待される。

1.5　グリーン産業の将来展望

　人間の近代史は継続的な産業化、都市化、グローバル化の時代であり、そこでは「ブラック・ゴールド」（化石資源）と「リアル・ゴールド」（金と基幹通貨）が世界を支配したが、同時に様々な環境問題と社会問題も生み出した。しかし今、われわれは「グリーン・ゴールド」（バイオマス）時代の入り口に立っている。過去の環境問題を清算し人間の福利を向上する、持続的で賢いバイオマス利用が既に始まっている。それはアジアの時代でもある。多様で豊かな自然資源と文化を有し、様々な「グリーン・ゴールド」を生産することで、アジアの農村部はその価値を高めてゆくに違いない。

　最後に、高次バイオマス利用の曼陀羅を示す（図-Ⅱ.7）。「曼陀羅」とは、様々な使命と能力を持つ仏の世界の配置図である。様々なバイオマス製品はわれわれの生活に不可欠であり、また「ブラック・ゴールド」によって生産される製品を代替する

1. 農村産業：新しい仕組みと挑戦

こともできる。これらは化石資源の枯渇による危機から人類を救うだけでなく、多様な利便、安全性の向上、そして地域社会の価値の向上をもたらす。「グリーン・ゴールド」の力を信じ理解することが、バイオマスを基礎とする持続的で明るい未来を約束する。

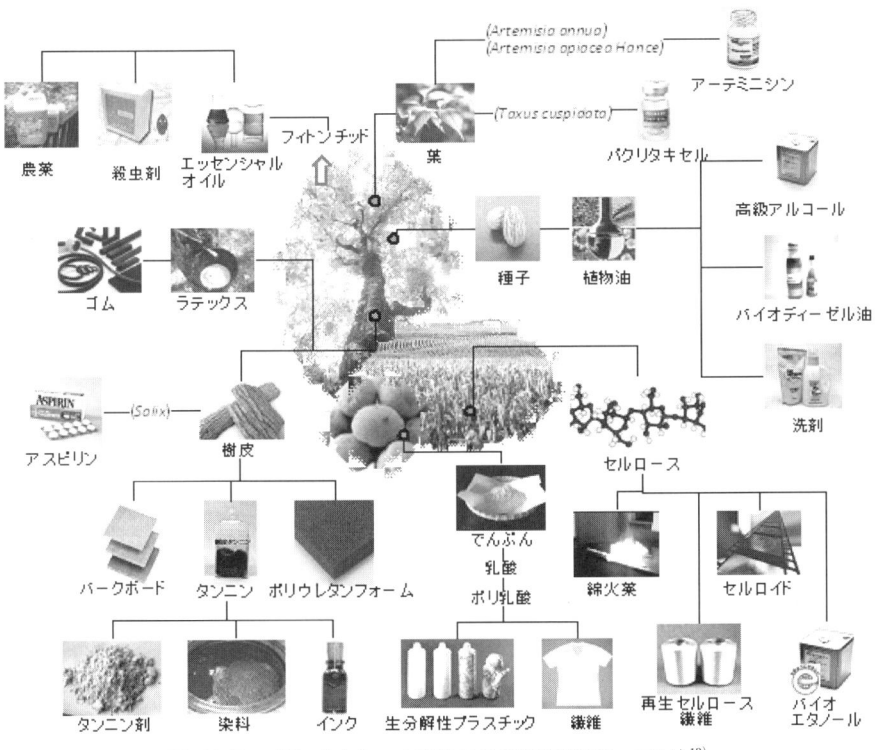

図-Ⅱ.7　高次バイオマス利用の曼陀羅（町村他、2011）[13]

文　献
1) 中国国家地理、2005、5。
2) Anonymous：Gutta parcha from a Chinese tree, *Kew Bull*, 89-94, 1901.
3) Yan R-F：The Characteristics of the chain structure of Eucommia ulmoides Gum and Its Material Engineering, *Proceeding of the first international symposium on Eucomma ulmoides*, China Forestry

Publishing House publisher, 102-110, 1999.
4) Nakazawa Y. et al.：Production of Eucommia-rubber from *Eucommia ulmoides* Oliv((Hardy Rubber Tree), *Plant Biotechnology*, 26(1), 71-79, 2009. .
5) 町村尚・佐田忠行・小林昭雄・中澤慶久・玉泉幸一郎・堤雅史・部谷桂太朗・津田和俊・蘇印泉：中国の退耕還林植林地におけるバイオマス利用とその低炭素化ポテンシャル―河南省霊宝市のトチュウ植林の事例―、環境システム研究論文集、37、467–475、2009。
6) 町村尚・佐田忠行・小林昭雄：農工連携による農村低炭素産業の創出、環境技術、39、12-17、2010。
7) 佐田忠行・町村尚・田中大士・蘇印泉・張景群・小林昭雄：多目的バイオマス利用による環境改善および社会経済効果―中国黄土高原におけるポテンシャル評価―、環境技術、39、37-44、2010。
8) Wischmeier, W. H. and Smith, D. D.：Predicting Rainfall Erosion Losses, In Agriculture Handbook 537, USDA Agricultural Research Service, Washington DC, 1978.
9) IPCC：第 4 次報告書(http://www.ipcc.ch/)。
10) 環境省：STOP THE 温暖化(2008)(http://www.env.go.jp/earth/ondanka/stop2008/full.pdf)。
11) 林野庁：植林 CDM(吸収源 CDM)実施ルールと解説　(http://www.rinya.maff.go.jp/j/kaigai/cdm/rule.html)。
12) 森林立地調査法編集委員会編：森林立地調査法、博友社、1999。
13) Machimura,T., Kobayashi,A. and Nakazawa,Y.：Systematic design of multiple-benefit biomass utilization;A practical example of Eucommia biomass use in rural China. In *Establishing a resource-circulating society in Asia；Challenges and opportunities* (ed. by Morioka,T., Hanaki,K. and Moriguchi,Y.), United Nations University Press, Tokyo, 292, 2011.

2. 北海道独立構想

2.1 北海道独立への道

　20世紀は、わずか100年あまりで巨大な文明を築いた歴史的にもきわめて特異な世紀であったといってよく、一言で言うと「石油依存文明」であった。20世紀初頭における内燃機関の飛躍的発展と空気中窒素分子からのアンモニア合成法の実用化で、多量の硫安肥料生産が可能となり、食糧の大量生産、大量輸送、大量加工・消費へ繋がってきた。つまり、20世紀の近代農業とは、石油使用に合わせた農業技術開発の歴史であったといってよく、これを石油依存型生産生態（農業）と呼ぶことにする。石油依存型農業は大陸部に発達したが、大陸部は比較的肥沃度が低く、これを化学肥料で補う必要がある。さらに大規模単作を可能にしたのは農薬の使用である。つまり、石油依存型農業の際だった特徴は、「自然の人工的制御」技術を基盤として成り立っていることにある。これら石油依存型農業に対して、アジアを中心とした、特に日本におけるサトヤマ型生産農業では、地形が複雑で「自然の人工的制御」が大陸部に比べて格段に困難である。しかし、石油依存型農業に競うために、これをモデルに農地自体の基盤整備のみならず、道路・河川の整備・改修に向けて徹底的な自然の改変が行われた。皮肉なことに、サトヤマ型生産農業の方が「自然の人工的制御」を大幅に進めざるをえなくなり、そのことが経済全体の大きな負債となってきたのではないだろうか[1]。

　近年、安い石油エネルギーの確保が困難になりつつあることと、地球温暖化問題より化石燃料を削減しなければいけないこと等から、地球全体で石油依存型農業を根本的に変えていかなければならない必要が生じている。また、生態環境の劣化と気候変動・温暖化による旱魃が深刻になりつつある。これらの事態に対処するため、一層の「自然の人工的制御」を進めるのか、あるいは自然の生態調整能力に依存する「自然共生型」に移行すべきなのか、われわれは真剣に検討する必要がある。

　このことを考えるためには、21世紀のサトヤマ型生産生態（農業）のモデルが必要である。サトヤマ型生産生態は「自然の人工的制御」による石油依存型農業と対極にある。したがって、サトヤマ型生産生態を維持する基本概念は、「低炭素型」、「循

環型」、「自然共生型」である。このことを達成するためには、従来のような個々の技術開発や個々人の営農戦略の高度化では全く対応できず、複合型生産構造や地域間連携が重要なことがわかってきている(2.3.3参照)。これまで筆者らは、北海道規模で、エネルギーと食料を自給し、なおかつ経済的にも自立できるモデルを探ってきた(2.3参照)。この自立モデルは、従来のサトヤマ型生産生態に複合的生産系と地域間連携と新たなサトヤマ工学を組み込むことによって可能となる(2.2参照)。これらの考え方をもとにした北海道独立構想を述べる。

2.1.1 サトヤマ

アジアの多くの地域では、中山間地のような複雑な地形のもとにサト(人)とヤマ(自然)との共生に基づく農業生産生態が伝統的に成り立っている。これをサトヤマ型生産生態と呼ぶこととする。四手井綱英は森林生態学者で、有機物の生産、消費、分解という物質の循環を視野に置いた研究を進め、「農用林」を言い換え、農地に必要な肥料等を採取する森林を「里山」と定義した[2]。最近、この用法を越えて使用されるようになり、混乱する場合もある。そこで筆者は、四手井が言う「里山」は「農用林」の意味で使用し、最近拡大解釈・使用されている「里山」は「サトヤマ」として区別したい。「サトヤマ」は地域における「人」と「自然」の関わりに関する総体と定義する。「サトヤマ」概念では、山－里、森－里－海のように生態系間の連関、あるいは循環、共生を通して、生態システムを安定させることが模索される。人－自然の関係を見ると、都市－里、都市－自然の関係も重要であり、都市住民の関わりがなければ、「サトヤマ」を維持することは困難である。これまでは、一方的に都市に物質と人を集積することにより、経済の効率化が図られてきたが、それでは持続的に生存圏の生態を守ることは困難であることが明確になってきた。都市系も含めて「サトヤマ」概念を考えると、「心」の循環系の構築も重要で、①観光・レクリエーション型のエコツーリズム、グリーンツーリズム、アグリツーリズム、サステイナブルツーリズム、②教育型の環境教育・自然教育、自然保護、世代間の交流、ライフスタイルの提案、③療養型の自然環境での長期滞在、リハビリ、アニマルセラピー、④ボランティア型の行政と市民等の多様な主体間のパートナーシップの構築、環境保全事業参加、⑤終(つい)の住家(死にがいのあるサト)といった複合的な「サトヤマ」の「場」の形成が重要になってくる(2.2参照)。

2.1.2 石油依存型農業の危機

　石油依存型農業は21世紀のモデルとなるだろうか？　石油依存型農業は、①石油資源の限界、②温暖化の影響、③土壌・水資源の限界等によりプラスの要因を挙げるのが困難で、21世紀には不安定化していくと考えられる。また、石油依存型農業を支えた食糧生産増加技術そのものにも陰りが見えてきている。世界の穀物生産量は「耕地面積」に「単位面積当り収量」を掛けて得られるが、それぞれの増加率は、1965～75年：0.52％、2.54％、1975～85年：0.08％、2.16％、1985～95年：− 0.28％、1.52％、1995～2005年：− 0.27％、1.26％と、いずれも経年的に低下してきている[3]。世界の穀物栽培「耕地面積」は70年代の7億2,400万 ha を最高に、2003年には6億4,580万 ha に減少しており、これは、肥沃な農地の減少、砂漠化・塩害、土壌保全処置に伴う不耕作地の増加、工業化や都市化に伴う工業用地・宅地への転換等による。中国、米国では作付け面積を増やす余裕はもうない[4]。ブラジル北部アマゾンのセラードは、6,658万 ha の面積があるが、ここの開発にはきわめて問題があり、仮に開発したとしてもこれまでのような収穫量は得られず、経済的に成り立たない。また、アフリカで化学肥料や農薬使用が少ない現状から、それらを増加すればまだまだ単収が増加するという意見もあるが、実態には極度貧栄養な土壌や水問題があり、増収はほとんど望めない。

　異常気象による穀物生産量の低下も顕在化しつつあり、FAO の統計 FAOSTAT (http://faostat.fao.org/site/291/default.aspx) によると、1997～1998年と2002年のエルニーニョ発生年に東南アジアで旱魃になりやすいことを反映し、世界の年間コメ生産量は明らかに低下している。また、NASA の地球観測衛星「テラ」で得られたデータを分析によると、全地球の陸上植物での純一次生産（二酸化炭素吸収能力）が1982～99年に6％上昇した[5]のに対し、2000年からの10年間は逆に1％低下した[6]。これは、地球温暖化に伴って旱魃が増えた結果（特に、アマゾン地域と東南アジア）で、気候変動が地球全体の植物生産に深刻な影響を及ぼしつつある。また、今世紀末までに気温の上昇が熱帯や亜熱帯地域で著しくなり、農業生産や熱帯生態にきわめて深刻な影響を与えると予想されている[7]。

2.1.3 北海道独立論の系譜

　2010年7月3日に逝去した梅棹忠夫は、『文明の生態史観』[8]を1957年に中央公

論に発表したが、これは従来の「西洋と東洋」という枠組みによって世界を区分することを否定し、生態学的視点で西ヨーロッパと日本を第一地域、その間をなす広大な大陸部分を第二地域と区分して文明を説明しようとした壮大な試論である。梅棹は、『日本探検』[9]の1章「北海道独立論」で、日本文明の視点から北海道論を論じている。西ヨーロッパは、アメリカ、カナダ、オーストラリア、ニュージーランド等に新世界植民地を持っていたが、その視点から日本の新世界植民地としての北海道の位置や役割を解析するという意図が認められる。北海道開発の思想の対立を2組認められるとし、内地(本州・四国・九州)との文化的関連における同質主義と異質主義、内地との政治的関係における統合主義と分離主義の原理を挙げている(図-Ⅱ.8)。この北海道開発思想の対立構造は、北海道開発の歴史、さらに将来構想を練る際の基礎となる。

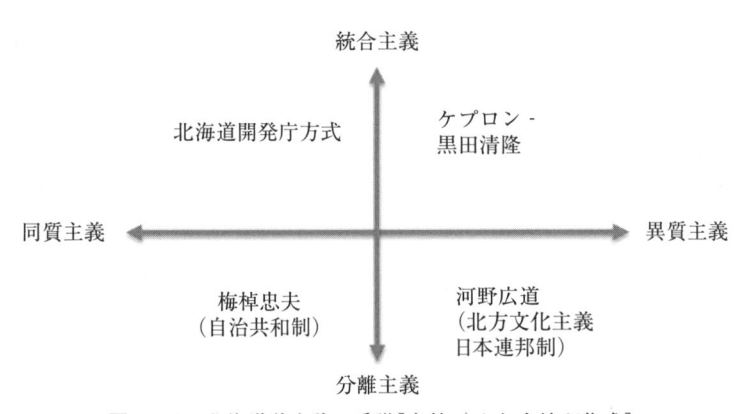

```
                    統合主義
                      ↑
                      │
    北海道開発庁方式    │    ケプロン‐
                      │    黒田清隆
                      │
同質主義 ←────────────┼────────────→ 異質主義
                      │
                      │
    梅棹忠夫           │   河野広道
    (自治共和制)       │   (北方文化主義
                      │    日本連邦制)
                      │
                      ↓
                    分離主義
```

図-Ⅱ.8　北海道独立論の系譜[文献8)より大崎が作成]

a. 異質・統合主義　ケプロン・黒田構想で、強力な中央政府の指導の下に開発を進めるという点から統合主義で、同時に北海道の環境的な異質性から新しい生活様式や独特の文化を打ち立てるという点から異質主義の立場に立つ。ケプロンの構想は、北海道の気候風土がニューイングランドや北欧に似ていることから、主畜農業(畜産を主体にライムギ、エンバク、牧草を栽培する複合農業)を中心に、日本の伝統と絶縁した西欧の伝統との接続のもとに北海道の開発を進めようとした。ケプロンは、その開発構想で、北海道にヨーロッパやアメリカからの移民を呼んでくることを主張し、日本の稲作農民を信用していなかったといわれている。また、戦後まもなくの1956年に文明史家のトインビーが北海道を訪問して、酪農を営む農民

に北海道の進歩的未来像を見ており、寒地に熱帯性のイネを作ることは経済的に問題があるとし、ライムギ、エンバク、牧草の生産に向けられるなら、食糧が増産され北海道は豊かになるであろうと推察している[10]。しかし、北海道にはデンマーク型の主畜農業が発達することはなく、むしろ複合化しない単独型農業が主流となった。梅棹[9]は、札幌農学校、その後身の北海道大学が打ち出してきたものは、しょせん官僚ないしエリートのレベルにおける理想主義にすぎず、民衆レベルにおける北海道開拓に直接に役立つものではなかったかもしれないと述べている。

戦後、世界銀行は積極的融資により、根釧パイロットファームで再び主畜農業を北海道に根付かせようとしたといってもよいかもしれない。1955年から1966年、世界銀行の融資を受けた国の開拓モデル事業「根釧パイロットファーム」が、根釧台地の別海町で大規模酪農経営を確立することを目指して行われた。開発母体は北海道、北海道開発局、農地開発機械公団で、約7,000 ha の原野を大型機械によって開墾した。最終的には約360戸が入植したが、経営が厳しく破綻し、離農する者も多く見られた。芳賀信一[11]は経営不振の要因を、①ひも付き融資で巨額の債務を背負い込むことになり、②道路や電気のインフラ整備は時代を先取りしていたものの、肝心の農業経営計画はお粗末な部分が多く、③事業計画への信頼度が低かった、ことを挙げている。

b. 異質・分離主義　　農学者・昆虫学者で考古学やアイヌ文化にも造詣が深い多才な河野広道の北海道独立論[12]で、内地とは異なる独立した北方文化主義の確立を目指すものである。「北海道自由国論」を唱え、北海道には北海道に相応しい政治・経済システムを構築すべきだと訴え、日本連邦制を提唱した。その骨子は、①国土面積、人口、食糧自給といった独立の基礎的条件は整っている、②北海道の気候風土を生かした独自の文化・産業を打ち立てるべき、③北海道の政治を適正ならしむるためには、内地とは異なる形の政治が必要で、そのためには北海道に強度の自治性を与えることを要する、というものであった。

c. 同質・統合主義　　北海道開発庁（局）方式で、内地に従属することしか考えておらず、経済開発といっても、結局は内地資本による北海道の収奪を合理的に行う政策を目指すものである。中谷宇吉郎は、北海道開発庁（局）方式による第一次五カ年計画の失敗を批評し、驚くべき無計画と無駄に憤怒している[13]。象徴的例として、せっかく開墾した土地を作付けしないで放置し、また新しい開墾を始めることを指摘している。現在でも全く同じことが全国で繰り広げられている。例えば、僻地の

隅々まで農地の基盤整備を続けていながら、一方で減反政策を進めるといった驚くべき政策がいまだに取られている。北海道だけの問題でなく、日本の行政の病理といってもいいかもしれない。同質・統合主義による北海道開発は、基本的に北海道経済の自立を前提とせず、しかも驚くべき無駄を伴って推進されてきたもので、ここに北海道開発の病理が潜んでいるといえる。

d. 同質・分離主義　梅棹忠夫は、内地中心の統治を受け継ぐことはあまりにもロスが多く、北海道の、北海道人による、北海道のための、独立の政府を持つことを考えた方が将来のためには良いのではないかと述べている。完全独立でなくても、自治共和州というような在り方で良しとし、そのためには重農主義からの脱却が必要で、第二次・第三次産業の育成の必要性を唱えている[8]。

2.1.4　北海道独立への道

前述のように、北海道の独立のためには重農主義からの脱却が必要で、第二次・第三次産業の育成が必要と梅棹忠夫は唱えたが、そのように考えた1950年代から、60年近く経過し、エネルギーと環境・生態における社会情勢や国際情勢は全く変化している。よって、既に失敗した第二次・第三次産業の育成を進めても、21世紀型の生産・成長モデルとはならないであろう。食糧とエネルギーを農林地から取り出し、生態サービスまで保証する複合的生物生産システム以外に自立の道はない。これまで、バイオガスプラントやバイオエタノールプラントが建設されたり、有機農業が奨励されたり、中山間地域振興も図られたりしているが、これらを単独で実施してもうまく回ることはない。有機農業も、バイオガスや木質バイオマス等の利用も含めた循環型農業システムの中で動いて初めて大きなメリットが生まれるはずである。

その参考になるのが、ドイツの小村 Jühnde (ユーンデ)村の「バイオエネルギー村」構想である。この村は、農地面積1,200 ha、人口770人、200世帯で、うち9世帯が酪農を営み、牛を400頭ほど飼育している。この構想の中核は、①村内の休耕地で栽培されるエネルギー作物と家畜の糞尿より発生するメタンガスを燃料とするコジェネレーション型バイオガス施設(電力と熱の供給)、②村内で発生する間伐材や剪定枝等の木質バイオマスを燃料とする地域暖房供給システム、③バイオガス発生後の液肥の耕地循環システムである。ドイツでは「再生可能エネルギー法」により、電力供給事業所は再生可能エネルギー源(太陽、風力、バイオマス)で発電された電

力を高値で買い取る義務があり、自然エネルギー発電プラントは安定的に電力を高く売ることができる。このプラントの収支としては、年間10万ユーロ程度の利益が出ていると聞いている。また、メタン発酵後の消化液は液肥として畑に還元されるため、有機循環型農業が可能となる。つまり、国の強力なエネルギー政策があれば、再生可能エネルギーで経済的に潤い、循環型有機農業が可能となりつつある。

日本でも、バイオマスタウン等への補助金があるが、どれも単品、目玉事業で複合化に至っていない。むしろ、巨大プラントを作って、旧来のごとく、非効率的で強大な運営費が使用者の負担となっている(開発局方式)。むしろ、ほぼ100年間、巨大事業による補助金政策が北海道の経済的自立を妨げてきたといえる。今こそ、単品・目玉プロジェクトの非効率さを検討し、新たなシステムの構築を真剣に考える時と思われる。

巨大規模・単品・生産効率に基づく「自然の人工的制御」から、小規模・複合・持続的生産に基づく「自然との共生」に切り替えるのは、単に技術的側面の改変ばかりでなく、やはり多少の効率は落ちても持続性を選択するという、価値観の転換を伴う必要がある。つまり、「サトヤマ」概念は多様な人と自然の関わりを総合的に考察し、新たな社会基盤、生存基盤を構築しようというものであり、21世紀の人間の文化と社会にとって重要な概念となっていくであろう。これまでたびたび試みられて失敗してきた、本州をモデルとする稲作単作型でもなく、アメリカ・ヨーロッパ型の大規模主畜農業でもない、かつ行政主導でもない、新たなサトヤマ型生産生態の構築をもって北海道の自立(独立)が達成されるであろう。

2.1.5　まとめ

将来、「北海道独立憲章」が起案されるとすると、以下の項目が含まれるはずである。

前　　文
北海道が自立するために、エネルギーと食料の完全自給を確立する。それを達成する社会は、「低炭素社会」、「循環型社会」、「自然共生社会」を基盤とする。

第1章　新たなガバナンス(開発から発展へ)
巨大開発(官)から内的発展(民)へ：巨大投資事業は基本的に凍結し、それらに投資されるはずの資金は内発的発展構想のもとに使用する。

第Ⅱ部　都市・農村連携による低炭素社会構築の可能性

第2章　自立型生産戦略

非都市圏：複合型生産生態を構築する。

都市・都市近郊：中小企業が連合して、フードバレー、グリーンテクバレーを形成し、六次産業化(一次、二次、三次産業の複合化による高度産業を六次産業と定義する)を促進する。

六次産業：都市・農村連携の要(かなめ)とする。

第3章　新たな価値の創造(生きがい・死にがいのある地域づくり)

自然共生や地域活性化による生存圏や生活様式の多様化を図る。それにより、若者には生きがいを、老人には死にがい(そこで人生を終えてよかったと臨終の際にふと思える)を与える生活圏を構築する。

2.2　新たな里

2.2.1　北海道の里の原点

　北海道の農漁村の歴史は浅く、郷土誌の始まりの多くは明治維新からの開拓入植の記述となるのがほとんどである。当然、先住民族であるアイヌ民族の歴史は北海道の隅々にあったはずであるが、口述伝承された記録を除き、その多くが失われている。北海道の文化の変遷は、縄文時代から近代にかけて本州とは違った遍歴を辿っている。縄文から擦文文化(一部地域ではオホーツク文化として擦文文化の亜種文化が広がった)を得て、13世紀から14世紀にかけ、現在認識されているアイヌ文化が確立していた[14]。アイヌ民族は、近代まで定住して農耕を営むことはなく、狩猟、漁労、採取を生業として営んできたとされており、河口付近にサケ、マスの漁労を営む多くの集落があったことが記述されている。現在の日本人は、アイヌ民族についてきわめて温厚でつつましく自然の恵みを有効に活用しつつ調和した生活を営んでいたとの印象を抱いているが、それは和人により制圧された後のイメージである。それ以前のアイヌ民族は覇権をめぐっての和人との戦い[渡島半島のコシャマインの戦い(1457年)やシャクシャインの戦い(1669年)]があり、その敗北の屈辱を経て現在の状況に立たされていることを知る日本人は非常に少ないであろう。中国の古文書に、アムール川下流域に達した「元」の勢力との交易場のトラブルからアイヌ民族と交戦したとの記録が残されている。アイヌ民族は、北海道に留まりつつ

ましい生活を営んでいたのではなく、山海の恵みを巧みに利用し、広く海外まで交易の場を広げていた和人にも引けを取らない文化と勢力を誇っていたのである。しかし、北海道の商取引に関し独占を認められた松前藩は、アイヌ民族の交易の場を藩が認める「商い場」に限定し、取引の一切を支配するに至って、次第にアイヌ民族の財力と勢力は弱体化していくことになる。

こうした結果、アイヌ民族は長年にわたり北海道における先住民族として決して認められることはなくなった。日本国政府がアイヌ民族を先住民族として公式に認めたのは、2008年のことである。

北海道の本格的な近代的開発は、明治に入ってからである。それまで、松前藩は和人が自由に北海道に入り込むことを許していなかった。ロシア人の北海道への関心の高まりの中で、明治政府は北海道の警備と開拓のために屯田兵を北海道に送ることになった。現在の札幌市に北海道開拓使が置かれ、札幌農学校が創立された。明治政府は米国式の大規模農業を北海道に展開すべく、農学校に米国から教員を招聘した。当初の計画では、農畜産の組み合せによる持続的循環農業を目指していたようであるが、入植者の稲作に対する執念は強く、屯田兵村では禁止されていた稲作を始めるものが後を絶たなかった。北海道の気候は寒冷で稲作には不適であるという明治6年の外国人教員トーマス・アンチセルの指摘にもかかわらず、現在の北広島市島松において、中山久蔵が遂に稲作を成功させた。その後、中山は自身で品種改良を加えた「石狩赤毛」の普及に努め、後に開拓使が方針を米作奨励に切り換えたことにより、その顧問に迎えられた。

酪農については、エドウイン・ダウが現在の札幌市真駒内に牧場を拓き、その後多くの民間の優秀な酪農家を育てた。現在、北海道は日本有数の酪農地帯を形成している。特に北海道北部は寒冷で農業には向かないため、耕作地のほとんどを酪農地帯へと転換する国策が図られた。

以上、北海道の開発の歴史を振り返えると、北海道には厳密な意味で里山が形成され維持されていたという事実は、アイヌ民族の歴史も含めて見当たらない。現在の北海道は、原野を切り開き、新しい農業形態を導入または自ら開発し、大型の農業機械の導入により大規模農業経営になり安定期に差し掛かっているにもかかわらず、自由貿易協定の問題や後継者不足問題等で新たな転換を迫られているのが現状である。北海道には、人間が長期にわたって継続的に周辺の資源環境に働きかけながら継続的な生産生態系を維持するというような里山的な歴史はほとんど見られな

い。これは、翻って考えると、昔からのしがらみがなく、新しいものを導入するにしても、伝統や風習を根拠とする抵抗が他県と比較して弱いことが予想される。したがって、今後、持続的な新たな里が北海道に誕生するか否かは、現在のわれわれの行動に掛かっているのである。

2.2.2 北海道の現状

北海道の市町村勢データを見ると、農業や漁業が主産業であると一般に認識されている地域でも、一次産業に従事している就業人口の割合は20％程度のことが多い。意外に多いのがサービス業に代表される第三次産業の従事者で、第二次産業の就業人口の割合が一番少ない場合が多いのである。表-Ⅱ.6に代表的な市町村の農業生産高、製造品生産高、住民1人当りの年間生産高（GRP/人）を示した。

住民1人当りの年間生産高は、重工業地帯である室蘭市、苫小牧市が800～900万円で断然多いが、農業生産地域の中でも700～800万円を出している地域がある。代表的な地域は大樹町、中札内村、芽室町、浜中町、白糠町で、これらの地域に共通していることは、代表的な特産品に加えて、食品加工業により付加価値を上げて出荷し、利益を上げている点である。他にも多くの農畜産地域があるが、単に産物を出荷するだけでは住民1人当りの年間生産高は300万円程度にしか至らない状況である。北海道では札幌市が独り勝ちして発展しているとの印象を受ける人が多いが、札幌市の1人当りの生産高は500万円（就業人口1人当りに対する年間生産高は1,000万円のレベルだが、退職者や学生等の未就業者の割合が多く、大きな差が出る）にも満たない状況で、決して良い状況ではないことがわかる。

近年、観光による地域起こしが多く行われたが、成功例は非常に少なく、多くの場合は負債を伴う廃業の後始末を自治体が負う結果となり、財政の悪化の原因になる場合が少なくない。もともと観光は景気の動向や、その他の環境に大きく依存し、地域の主産業として位置付けるには非常にリス

表-Ⅱ.6 主な市町村の農業、製造品出荷額と住民1人当りのGRP値（平成18～19年）[15]

	農業出荷額（億円）	製造品出荷額（億円）	GRP/人（万円）
札幌市	38	5,501	497
苫小牧市	3	5,485	928
室蘭市	0	10,432	823
大樹町	106	156	591
中札内町	87	116	658
芽室町	226	587	786
浜中町	87	269	737
白糠町	32	577	736

注）GRP値は筆者が文献15)のデータに基づいて算出した。

クが高く、生業としてよりも副収入源として位置付けるべきものと考える。特に、夕張市の破綻に代表されるように、箱ものを主体とする観光振興は財政破綻の原因となっている。また、トマムリゾートの破綻は、占冠村の財政を非常に圧迫している。これらの例は、自立できる産業の多様化を怠った結果と言わざるを得ない。特に、観光への過度な期待や投資は、厳に慎しむべきことが過去の様々な例から明確となっている。

　また、北海道の酪農は、海外からの比較的安価な飼料を購入し、規模拡大することにより安価な乳製品の増産を図ってきた。しかし、生産過剰による乳価格下落や飼料価格の高騰による生産コストの増大、家畜し尿による地下水や河川水、湖水の汚染、富栄養化が問題となり（堆肥化等で適正に処理することが義務付けられている）、北海道の酪農は大きな転換を迫られている昨今である。家畜し尿を堆肥化して耕地に還元することが持続的循環農業の在り方としてよく言われるが、北海道は耕地農業地帯と酪農地帯が大きく離れており、適正に配置されていない。これまでのビジョン無き農政が露見しているのが現状である。

　そして、明治から昭和にかけての北海道の役割は資源の供給であり、水産資源、石炭、木材が収奪的に採取され、現在に至っている。これが北海道に最近まで北海道開発庁が置かれ、国策として開発がなされてきた由縁である。日本本土の発展に寄与する資源供給基地としての北海道の役割はもはやなく、優遇される理由がなくなっているにもかかわらず、過去を忘れられず、いまだに何でも国に頼ろうとする依存症が根強く残っている。加えて、北海道の入植者には天然資源をあるだけ採って利益を得る心持ちが強く、当然のことながら、先祖から引き継いだ生産資源を孫子の代まで持続的に維持管理しようとする意識が他の日本の農村と比較して希薄であるといわざるを得ない。これが、他府県より様々な面においてはるかに優位な条件を有しているのにもかかわらず、北海道が自立できずにいる根本的な要因に他ならない。

2.2.3　新たなプレーヤーを取り込んだ地域ガバナンス確立の必要性

　地方の人口減少、農家の後継者不足が叫ばれて久しいが、十分な手当てもされないまま現在に至っている。また、十分な就業機会のない状況は若者の田舎離れを引き起こしている。若者は以前は都会生活への憧れと、高収入に誘われて都会へ流れたが、高度成長期は製造業の労働者不足もあり、都会に出れば生活は何とかなった。

現在は状況が一変し、都会に出ても良い職がある保証もなく、そして単純労働者の賃金も減少する一方である。2008年のリーマンショックによる未曾有の世界的経済不況で、多くの非正規労働者が職と住み家を失い路上に追いやられた。このように逼迫した状況の中でも、田舎に行って農業をしようとする若者は一握りである。このことは地方農村に若者を引き付けるものが乏しいことを再度検証する結果となっている。

他方、前述のように地域の産業別就業者構造をよく調べてみると、農業を主産業と標榜する地域も実は一次産業従事者の割合は3分の1にも満たない所が多いことに気が付く。驚くことに第三次産業従事者数が一番に多い地方が多数存在するのである。農村といっても、生活レベルに向上に伴い様々なサービスの提供が要求される昨今ではある。

過去においては、地方自治体と農業共同組合がほぼ一体化していて地域の意思決定をしてきた。これでほぼすべての関係者は繋がっていたために、多くの問題を効率よく解決することができたのである。しかしながら、これまでの枠内での繋がりを持たない住民も増加し、以前の意思決定の構造で決めることが困難になっているばかりでなく、予期せぬ利害関係者による抵抗も現れ、効果的に実行に移すことが難しくなる状況も生まれてきた。これが新しい地域ガバナンスの形態の確立が必要である由縁である。それぞれの地域において、農業以外の生業を営む地域の担い手との様々な交流が自然と生まれて、繋がりを強化し、さらに新しい地域の在り方を共同で模索し、対策や行動をし、問題を解決していく状況［地域の様々な関係者がお互いの利害を調整し、共同で統治する状況＝地域ガバナンス＝新サトヤマ（後述）］が形成されることが望ましいといえる。しかし、いろいろなものが加速的に同時に変化する現代社会にあって、自然発生的にそれが実現できている地域は数少ない。本来であれば、地域のすべての人を代表すべき地方議会や地方行政施策の中で、新たなガバナンスを築きあげていくべきである。残念ながら、現在の硬直化、マンネリ化、形骸化した地方議会や行政に、その役割を十分に果たしていく能力や弾力的で素早い行動を期待できない状況が生まれている。最近の阿久根市の市長と議会の対立や名古屋市長の議会リコール住民投票運動等が、問題の深刻さをわれわれに顕著に示している。

2.2.4　平成における田舎再生三種の神器(新サトヤマ構想)

ここでは、新サトヤマ構想の具現化のための3つの新サトヤマ三種(和、評、匠)の神器を提案する。

それは以下の3つである。
① 　地域資源を生かした低コスト・低環境負荷・生活の質の向上に資する技術(匠)
② 　科学的な客観データと地域の情報の提供(評)
③ 　関係者の自由な参加による話し合いの場(和)

新サトヤマ構想では、地域資源(天然資源、景観資源、人的資源等)の活用による持続的低炭素自律地域の形成が課題であり、その実現のための3つの要素を有機的に結合させる新しい地域システムの構築を考えている。

まず、基本的な要素技術として、これまでの高い利益、生産性、経済性を追求する従来型の工学とは全く目標を異にし、地域に昔から伝わる知識等に基づく新たな工学システムの確立が必要である。これを「サトヤマ工学」として定義し、その要素技術と最適化のための評価技術を概念化した[16]。これは、上記の匠と評の体系的連携に基づく導入技術の妥当性と意思決定のプロセスへの橋渡しとなるものである。これまでの地域政策の決定のプロセスは、一部の利害関係者(地域内と多くの場合は地域外の利害関係者)が地方行政を動かして実行に移す場合が多々見られたが、これは早く実行に移すことができる可能性はあるが、反面多くの反対に遭遇して頓挫してしまうケースも多々ある。これを打開するには、得られた情報を広く公開して、できるだけ多くの利害関係者と自由に熟議を重ね、限られた時間の中で利害関係を調整し、一定のコンセンサスを作り上げることのできる仕掛けが必要となる。これを和というシステムとして捉え、これを地域に根付かせるための仕組みと必要な人材の育成が大切となる。大学人自身が中立公正な立場で和の一部として関わっていくことは、大学の社会的責任の一環として重要な部分であるのは言うまでもないが、大学で働く人材は限られており、現実的ではない。むしろ、大学の研究と教育の役割において、和のシステムの具体像、育成のプロセスの解明、そして和を形成、維持することのできる人材の育成に主眼を置いた活動が求められると考えられる。

2.3　食・エネルギーと環境を活かした北海道の自立化展望

　北海道の自立化展望を考えるために、食料・エネルギーと環境の経済的価値から捉えてみる。まず、再生可能エネルギーの1つとして有効なバイオマスエネルギーについて、その量と質の視点から考える。そして、バイオマス[*1]の中でも存在量として最も有望と考えられる森林に関し、北海道の森林業の経緯と課題について考え、次に北海道における食料とエネルギー（バイオマスによる）の自給の可能性について言及し、最後に農村の生物多様性等の環境の経済的価値導入への動向を探る。

2.3.1　バイオマスエネルギーの量と質

（1）　エネルギーの質

　石油価格が昨年（2009年）上昇し、ガソリン価格は危うく200円/Lになろうとした。石油は有限なので、いずれなくなることは確実だが、価格が上がると今まで見向きもされなかった条件の悪い原油が注目されるようになる。今年（2010年）、メキシコ湾で発生した海底油田の事故もその一つではないだろうか。この事故は、昔では見向きもされなかったような深い海底油田という条件の悪い開発に失敗し、経済的には当然のこと、生態系にも計り知れない損害を与えたと言われている。このように、次第にリスクの高い油田も続々と開発の対象となっていく。エネルギーの本質を評価するためには、経済的指標（例えば1Lいくらか）を考えることも必要だが、何らかの意味で質の評価も必要ではないだろうか。

（2）　バイオマス利活用の動向

　日本でも、化石エネルギー枯渇に備え、新エネ法（新エネルギー利用等に関する特別措置法）が1997年に施行された。この時は、太陽光発電、太陽熱利用、風力発

[*1]　バイオマスの定義について、次のように述べられている。
　我が国において、平成14年1月25日付で「新エネルギー利用等の促進に関する特別処置法（通称：新エネ法）施行令」の一部が改正され、「バイオマス」が初めて新エネルギーとして認知された。改正政令において、バイオマスは「動植物に由来する有機物であってエネルギー源として利用することができるもの（原油、石油ガス、可燃性天然ガスおよび石炭ならびにこれらから製造される製品を除く）とされている[17]。

電等が注目され、2002年の改正時には、バイオマス発電、雪氷熱利用等が注目されている。その年の12月には、「バイオマス・ニッポン総合戦略」が閣議決定され、2006年3月に見直しされ、国産バイオ燃料の本格導入およびバイオマスタウンの構築の加速を図る対策が推進されている（農林水産省、http://www.maff.go.jp/j/biomass/index.html）。

石油は燃料のみならず、化学肥料にも関係している。バイオマスタウンの構想では、食料残渣、下水汚泥等により燃料、肥料を作り利用する。表-Ⅱ.7にバイオマスの例を挙げる。変わったものには、北海道では大量に発生するホタテ貝殻をウニ礁（ウニが棲みつくように作った人工物）に使ったり、チョークに使ったりしている。このように、バイオマスは地域特性があるので、どのような空間サイズで循環させるかが重要な問題となる。

図-Ⅱ.9に北海道のバイオマスの賦存量とエネルギーの賦存量を示した[18]。量で

表-Ⅱ.7　バイオマスの例

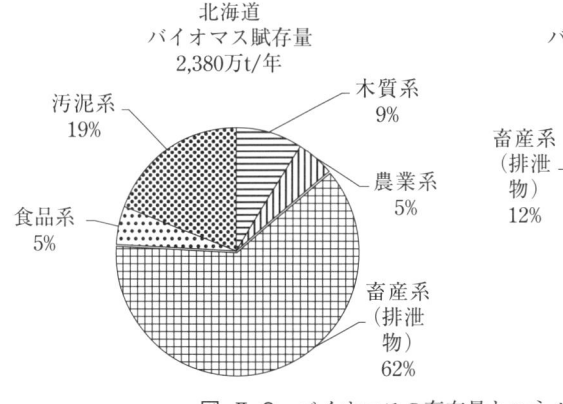

農業系	籾殻、稲藁、麦藁	燃料、肥料
畜産	糞尿	肥料、ガス
林業	間伐材、林地残材	燃料
水産	ホタテ貝殻、付着物、ホタテウロ	肥料、ウニ礁、チョーク
産業廃棄物	下水汚泥、食品残渣、木屑、建築廃材	ガス、燃料
一般	(生)ごみ、し尿、廃天ぷら油	ガス、液体燃料、肥料
エネルギー作物	サトウキビ、ナタネ、ヒマワリ	液体燃料

図-Ⅱ.9　バイオマスの存在量とエネルギー換算量

見ると、約6割が畜産系、約1割が木質系である。しかし、面白いことに、エネルギーに換算してみると、約6割が木質系、約1割が畜産系というように、量で見た割合とちょうど逆転している。このように、北海道でのバイオマスエネルギーでは、木質系が有望であることがわかる。

(3) エネルギーの質の評価：木質ペレット製造のエネルギー収支比(EPR)

燃料の"質"を評価するために、ここではエネルギー収支比(energy profit ratio；EPR)[19,20]を導入する。EPRの説明のために例として使われるのが、ラビットリミット[19,20]である。猟師が食料確保のためにウサギを獲ることを考える。その時、(ウサギを食べることによって得られるエネルギー)／(ウサギを獲るために使ったエネルギー)、を考える。この比が1よりも小さければ、猟師は生きていくことはができない。このように、(得られるエネルギー)／(投資されたすべてのエネルギー)の比がEPRである。この値が大きいほど優れたエネルギーということになる。

北海道大学サステイナビリティ学教育研究センターは、道内のペレット工場のEPRを調べた。ペレットの製造は、山の中の作業する広場(山土場)に木を集める事から始まる。これらの木はさらにペレット工場に運ばれ、細かく粉砕され、乾燥、成形等の工程を経て、最後にペレット製品として袋詰めされる。これらの作業に必要な機械を作るためのエネルギー、運搬に使われるエネルギー、工場を建てるために使われたエネルギー、工場内部で消費されるエネルギー等を調査した。同時にペレットから得られるエネルギーも調べ、筆者たちはある工場で作られるペレットのEPRを3.7と評価した[21]。他のいくつかの道内の木質ペレット工場を調べたが、だいたい4程度が木質ペレットのEPRではないかと思える。

木質ペレットは、再生可能エネルギー、カーボンニュートラル等の持続性・環境性に優れた点を有するが、今ひとつ普及が進んでいない。主な理由は、ペレットストーブそのものが高い、灯油に比べて発熱量が低く嵩張る、結果、灯油よりも使いにくい(頻繁な補給、大きなタンクの設置)、ペレットの価格そのものも灯油より高い、等が挙げられる。北海道の自治体は、ペレットストーブの購入補助、公共の建物の暖房をペレットボイラーに代える、農業における利用を促進(温室加温のペレットボイラー購入の補助、ペレット購入の補助)する、などの対策を講じているが、まだ普及には時間がかかるようである。現在、道内にペレット工場は10〜15箇所程度あり、一番の問題はペレットが売れないことのようであるが、灯油価格が上昇

(4) 住民の協力でEPRを上げる

　北海道・富良野市では紙、衣類等の廃棄物により固形燃料を作っている(2.4.2参照)。このごみ固形燃料のEPRを計算したところ、7.8という値[22]を得ることができた。このような高い値を持つことができたのは、ごみ固形燃料を作るための原料(ごみ)の中に水分量の多い素材が入っていないため、乾燥工程で消費するエネルギーが必要ないからである。この水分素材の除去は、ごみが14種に分別されているという富良野市の地道な努力から実現できており、水分を含む生ごみは全量、肥料製造へ回される。このように、高いEPRは単に技術だけではなく、ごみ14種分別という市民の協力によって維持されている。現在、この固形燃料は地元では使われておらず、地元で使えるよう富良野市に働きかけている。地元で使うことで輸送のエネルギーが節約でき、したがってEPRを高く保つことができる。もちろん、ダイオキシン等の技術的にクリアしなければならない問題もあるが、地元で生産した固形燃料を地元で使うことができれば、現在達成している高いごみのリサイクル率(90％以上)のみならず、エネルギーのリサイクルも富良野市では可能となる。

2.3.2　北海道における森林業の歴史的展開

　北海道の森林業は、開拓とともに始まった。木材産業として森林資源を対象にした伐採・造林が営まれ、森林資源の存在状態により大きく影響を受けた。北海道の特徴として、国有林や道有林等の公的森林の占める割合がきわめて高く、森林業は公的森林管理者の利用方針に強く影響を受けてきた。

　近年の特徴として、都市住民の森林・森林業に関する考え方や意識が変化してきている。従来の考え方や意識の森林業＝木材産業、国民生活に不可欠な基礎的資材(木材)を生産するためのものから、生態系の保全、レクリエーション機会の提供や文化教育機能等、都市住民の森林に対する関心は新たな高まりを見せている。

　今後の森林業はこうした都市住民の要求に応え、森林生態系の再生・保全を実現し、さらに多目的な森林管理と整備を担う必要がある。また、地球温暖化防止に果たす森林の役割も注目されており、これからの森林業はこうした課題に対しても取り組んでいかなければならない。また、北海道の森林面積は日本の森林面積の約2割を占め、この豊富な木質資源の存在量は北海道の再生可能なエネルギー源の一つ

として大きな可能性を秘めている。しかし、間伐材や林地残材等を木質バイオマスとしてエネルギー利用するためには、健全なる森林業が前提となる。

以下では、戦後における北海道の森林業の歴史的展開を整理し、今後の森林整備の考え方と展望についてまとめる。

(1) 戦後における北海道の森林業

a. 戦後展開期　　戦後、北海道の森林業は大きな変革から始まった。第一に林政の統一である。道内の国有林と御料林が府県と同様に農林省所管、国有林野特別会計の下に一体化された。第二に製紙業界の再編である。旧王子製紙が3社分割により需給構造に変化した。第三に地場資本に対する国有林立木の随意契約による販売が制度的に確立し、自律的に展開する原木供給基盤が形成された。

国有林と御料林の面積は1915年頃までに、道有林の面積は1922年までに定まり、民有林は1920年代を通じて増加して1930年までに143万haに達し、公的森林が中心となる現在の所有主体構成が形成された。その後、農地改革の実施による未墾地買収や林野整備事業による売り払いで国有林の面積は減少するが、代わりに御料林の移管が進み、戦前期と等しい面積が保持された。

1960年代以降、高度経済成長により国民経済の基礎的資材として木材の大量供給が求められ、建築資材やパルプ原料供給のために天然林が伐採された。そして、その伐採跡地をカラマツやトドマツ等の人工林に置き換える林主転換が進められた。

国有林の増伐志向は、1957年の国有林生産力増強計画により進められ、大面積伐採、一斉造林方式の採用、生長量を超える伐採が実行された。さらに林道敷設に伴い、作業の機械化も進んだ。林道投資と機械化を前提とした企業的な奥地天然林開発が戦後伐採の一つ目の特徴である。

二つ目の特徴として、人工造林が国有林、民有林で本格化したことである。森林荒廃が進んでいた民有林での造林が早く進み、1953年から1973年までの20年間で3万ha水準を維持していた。国有林では1960年から1971年までに3万ha水準となり、民有林と合わせて6万ha水準を維持する造林が行われた。結果、1973年までに国有林47万ha、道有林10万ha、民有林54万haの人工造林が誕生した。特に国有林では、一度に30～50haという大面積伐採と一斉人工造林が実行され、劣悪な造林地を生み出し、森林の劣化を引き起こすようになった。このような事態に森林業の内部や自然保護団体から森林施業に対する批判が出始めた。

b. 構造転換期　　日本経済の低成長化、さらに国際化の進展と情報化社会への移行に伴い、都市住民の環境への考えや森林や森林業への価値観が大きく変化した。

　この頃より減伐と自然力に依存する造林方針が採用され、伐採量と人工造林の面積が減少した。この方針は、国有林が 1972 年に、道有林でも 1977 年から始まった。この方針の転換は、戦後の木材増産、林種転換、皆伐一斉造林方針の行き詰まりからの脱却を図ったものであったが、同時に森林業への資本投資、適切な伐採と造林等の林業活動の縮小をもたらすことに繋がった。縮小傾向に伴う森林業における過剰雇用問題の噴出と山村過疎化の促進等により地域経済に影響を与えた。

　戦後の国有林経営は、直営・直用制の事業実施と特別会計を採用し、職員や作業員は直接雇用、森林からの収入を森林へ再投資する仕組みとなっている。この仕組みを支えるには、森林の伐採量増加、木材価格の安定、低雇用賃金が不可欠であるが、木材価格の低迷とそれに伴う森林伐採量の減少、そして高雇用賃金により経営危機に陥った。

　北海道の国有林の収支は、1962 年以降、毎年数十億円の赤字が計上され、府県の国有林収益によって補填されていた。しかし、1976 年以降、府県国有林の収益も悪化し、1978 年に収支均衡回復を目指す国有林野事業改善特別措置法が制定され、事業規模の縮小、人員整理、局署統廃合、事業請負化が強力に推進された。

　また、1973 年以降、輸入材率が高まり 1989 年には 50％を超え、豊富な天然林を資源的基盤にしていた木材自給圏は崩壊し、それは北海道の森林業の活力低下に及ぶことになった。輸入外材への依存が深まり、森林資源立地という基本性格を失い欠けている中で、戦後、造成・集積された造林地が間伐・主伐期を迎えている。さらに、1977 年以降、人工林材の生産量が増え、天然林の供給が行き詰まっている。天然林の再生や回復には 100 年から 200 年は必要とされることから、人工林を基盤とする森林業を展開でき、かつ持続可能な循環利用の確立と生産・利用する仕組みの構築が急がれる。

　森林には、木材生産機能の他に、レクリエーション機会の提供機能、生態系の保全機能、水源涵養と水質浄化機能、国土保全機能、文化教育機能等の様々な機能があることが知られている。都市住民の価値観や環境・森林に対する考え方や要求は大きく変化し、これらの機能が重視されている。生態系保全に対する関心の高まりと国有林経営の見直しを迫った事件として知床国有林伐採問題がある。国立公園内の国有林 1,700 ha を伐採することに対して、自然保護団体が計画の白紙撤回を求

めたものである。森林の活性化と技術維持を主張する国側と、野生動物の保護という観点から伐採反対を主張する自然保護団体は真っ向から対立した。しかし、国民世論は環境保全や自然保護に傾いており、国側は野生動物の調査と立木の調査伐採のみを行って事業を終了し、自然保護団体側の主張が通ったことになった。そして、調査伐採の強行は国有林経営に対する国民の支持を失い、その後、国有林は赤字経営の解消と国民支持の回復という重い課題を背負うことになる。

c. 森林整備の考え方と今後の展望　都市住民の環境や森林に対する価値観、考え方、要求が大きく変化し、関心も高まりを見せている。今後の森林整備を考える場合、多様化した要求に応えるためにも、森林の現状を把握し、森林を健全な状態にしていくことが重要となる。

人工林の造林は1990年頃までに完了して、その多くはこれから間伐利用期に入っている。一方、天然林では乱雑な伐採・造林により小径木化、低蓄積化等の森林の劣化が進行している。つまり、森林整備には人工林の保育・利用の実施と天然林の再生・保全が課題となり、多くの資金が必要となる。しかし、国や道の財政危機に伴い、果たすべき森林管理の役割を履行できなくなっている。都市住民の関心の高まりを糧に、森林整備に対する費用負担等も含めて、国民参加の議論や協力の体制（いわゆる都市住民参加型やパートナーシップ型の森林管理）が必要となる。

人工林は、一部に木材生産に不向きなものがある一方、新しい木材生産林として資源を循環利用することも期待されている。伐採後の再造林が放棄される事例もあり、主伐方法の変更も考慮しながら再造林が実施できる仕組みを構築しなければならない。また、樹種により育成年数が短いまま伐採されて一過性の資源となっている例もあり、一定規模の面積を確保した造林の必要がある。そして、天然林もその劣化が指摘される一方、その割合等の現状が正確に把握されていないなどの問題点が残っている。さらに、都市住民の期待に応える森林の造園的な手法や景観的手法を活用した森林整備の在り方が求められている。

近年の地球温暖化防止におけるCO_2吸収源として期待されるのが森林である。1997年の地球温暖化防止の京都議定書では1990年以降造成された森林のみがCO_2吸収源としてカウントされることから、天然林の再生や改良した分もカウントされる可能性がある。森林業としての再生が困難であるとしても、CO_2削減・吸収源としての視点を変えた再生は、世論の後押しも期待できる。また、金銭的な価値を生み出すカーボンオフセットクレジット（2.3.4参照）制度等を利用した森林の保全

や地域活性化も期待される。さらに、間伐材等にはバイオマスエネルギーの原材料としても大きな期待が寄せられ、森林はクリーンエネルギーの供給基地としての機能が新たに付加されるだろう。

2.3.3　バイオマスによる食料・エネルギー自給の可能性

日本の食料自給率が40％（カロリーベース）レベルで推移しているのに対し、北海道の食料自給率は約200％もの数値を示している。日本の中で食料自給率が100％を超えている県は、5つ［北海道195％、青森118％、岩手105％、秋田174％、山形132％（2006年度）］のみで、その中でも北海道は最も大きな数値を示している。また、北海道には、食料生産から発生する副産物や廃棄物のバイオマスも豊富に存在する。そして、北海道の森林面積は日本の約2割を占め、木質バイオマスが非常に豊富な県と位置付けることができる。つまり、北海道は日本の食料および木質バイオマス量の供給基地として大きな位置付けにあると考えることができるが、果たして持続的にこの立場を維持できるのだろうか？　現在の農業生産システムは化石燃料に依存した構造であり（2.1.2参照）、今後、現実味を帯びてくる化石燃料の枯渇もしくは温室効果ガス規制により化石燃料の使用が制限される場合、特に北海道農業はほとんど機能しなくなると危惧される。また、2.3.2で示したように、戦後は輸入外材に押され、カラマツを主体とする製品の需要構造が未熟であるため、本来の木質バイオマス供給能力を発揮しているとは言い難いのが現状である。

そこで本項では、食料とバイオマスエネルギーの生産・消費バランスに基づいた複合的物質循環システム構築の重要性について述べ、北海道の食料・エネルギーの自給能力について考察する。

（1）　地域内物質循環と地域間補完

石油の枯渇が懸念されているが、現在のような安価な石油が使用不可能となると、物質やエネルギーの移動可能範囲は著しく狭められることが容易に予測できる。このような状況では、将来的に食料とエネルギーを確保するため、地域の資源を有効に活用しなければならない。地域の特色に従った食料・エネルギーの生産消費バランスを考えることが重要となる。例えば、北海道における農畜林水産業の主体地域を領域化し、その主体地域内での物質循環から地域内食料・エネルギー自給の最適化を図る必要がある。この地域内食料・エネルギー自給には、農畜林水産業と住民

間の物質・エネルギー的結束を図り、系全体の生産消費バランスを適正化するプロセスが必要である。つまり、農畜林水産業と住民間での各項目の物質（生産物、飼料、肥料等）・エネルギーの産出投入の特色から適正な循環構造（複合的循環型生物生産システム）を導くことが必要となる。例えば、複合的循環型生物生産システムを、①稲作・畑作・飼料畑、②畜産、③森林、④住民分野で構成し、分野間の物質・エネルギーフローを考えてみる。複合的循環型生物生産システムは、これら分野間の物質・エネルギーの相互交換が重要な要素となり、稲作・畑作・飼料畑分野からは、住民へ食料を供給するとともに、稲藁・牧草等の飼料と稲藁・麦藁等のバイオマス燃料を住民や畜産分野へ供給することができる。逆に、畜産や住民からは、肥料（窒素やリン）を稲作・畑作・飼料畑へ供給することができる。また、森林分野からは多量の木質バイオマスがエネルギー源として各分野に供給できる。このように、各分野間の相互作用により、地域内の物質循環とエネルギーフローが成立し、複合的生物生産システムの自立性が保たれることとなる。そして、各主体地域内で補いきれない項目に関しては、各主体地域間での物質・エネルギー相互補完関係（図-Ⅱ.10）から北海道の総合的・複合的な食料・エネルギー自給構造を構築する必要がある。

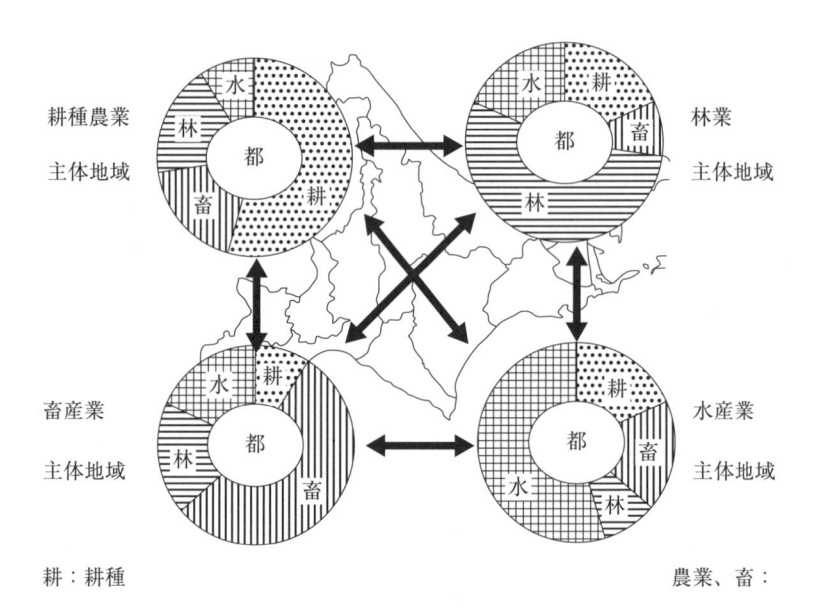

耕：耕種　　　　　　　　　　　　　　　　　　　　　　農業、畜：
畜産業、林：林業、水：水産業
図-Ⅱ.10　主体地域間の相互補完システム

(2) 食料・エネルギー展望

北海道大学サステイナビリティ学教育研究センターでは、2030年を見越した北海道の食料・エネルギーの自給能力について評価[*2]を行ってきた(ただし、現状の評価はポテンシャル評価であり、加工工程や輸送工程のエネルギーは含まれていない)。

まず、食料の生産には、エネルギーの他に肥料(窒素やリン等)や飼料の投入が必要である。つまり、食料生産を地域内で自立させるためには、エネルギー生産、飼料生産、肥料生産を同時に地域内で賄う必要が生じ、各農林業分野の産出投入構造を総合的に結束し、循環構造を構築する必要がある。例えば、稲作と酪農の耕畜連携を考えると、稲藁のような飼料・敷料と牛糞堆肥を交換することにより、地域内で飼料・肥料を自給しながら食料も確保できると考えることができる。実際には、これら2分野のみで自給構造を達成することは難しいが、他の畑作分野を循環に取り入れることにより自給構造が可能になる。

次に、エネルギーの面を考えると、再生可能なエネルギー源として重要な位置付けにあるのが木質バイオマスである。中でも、間伐材利用と早生樹ヤナギ栽培は大きな可能性を秘めている。北海道の森林面積は518万haで、北海道全面積の約6割を占め、そのうち人工林は森林面積の約30％(152万ha)を占める。この人工林から発生する間伐材は約6m³/ha(カラマツ、50年伐期を仮定)と推定でき、単純計算すると、灯油換算で約1,300L/ha/年のエネルギーが発生することとなり、北海道全体では20億L/年のエネルギーが代替可能となる。これは、北海道の家庭における年間灯油消費量約26億L(1,085L/年/世帯[25]×238万世帯)にほぼ匹敵する量となる。また、スウェーデン等のヨーロッパで木質バイオマスエネルギー源として実用的に活用されているヤナギ栽培は、現在、下川町で栽培試験を行っており、今後、灯油に代わるエネルギー源として大いに期待できる。

このような分野別の産出投入が物質・エネルギーで結束することにより、地域内の食料・エネルギー自立構造が完成するのである。米、麦および畜産、森林等の北海道の主要な耕畜林業について物質・エネルギーの産出投入を整理し、2030年に

[*2] 評価の前提として、2030年における北海道の人口とGRP(域内総生産)は、2005年に比べて、ともに約2割減と仮定した。この値は、北海道未来総合研究所[23,24]の推計に基づいている。市町村の評価においても、同資料から市町村別の人口とGRPを考慮した。

向けた地域の自立構造を評価する1つのデータとして、市町村別の食料・エネルギー需給関係を試算した結果を図-Ⅱ.11に示す。食料に関しては札幌市が著しく低い以外は、ほとんどの市町村で食料自給が可能であるということがわかる。エネルギーに関しては、特に人口185万人（2030年推計）[24]の札幌市を含む石狩地域と室蘭市や苫小牧市という工業地帯を含む胆振地域でエネルギー需要が供給を大きく上回っていることがわかる。しかし、その他の市町村では、バイオマスによるエネルギーの供給能力が需要を上回っている所も多く見られる。このように、市町村別で食料・エネルギーとともに飼料、肥料の地域需給関係を整理することで空間的な補完関係や効率的な市町村連携、都市・農村連携が提案でき、この連携は北海道全体の食料・エネルギー自給構造の向上に繋がるだろう。

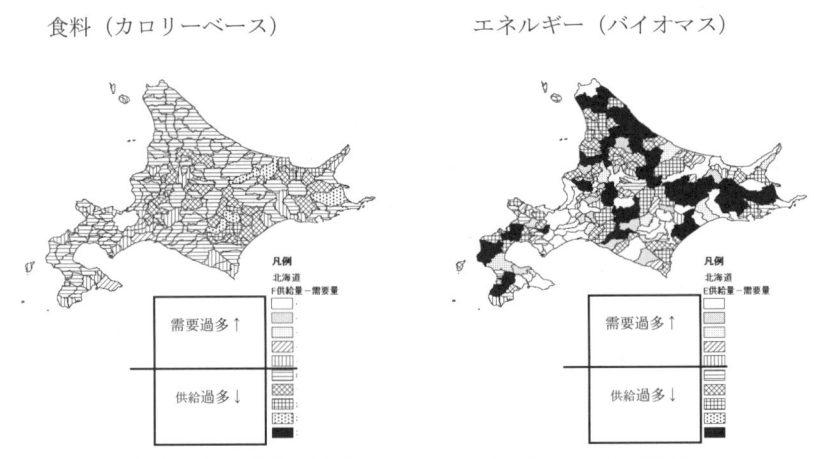

図-Ⅱ.11　市町村別食料・エネルギー（バイオマス）需給関係

ここで、食料・エネルギーに関する都市と農村の連携・補完関係をさらに明確化してみる。表-Ⅱ.8に札幌市を含む石狩地域を都市と捉え、上川、網走、十勝の3大農業地域を農村と位置付け、2030年の都市と農村における食料、エネルギー、飼料、肥料の自給率を試算した。まず食料とエネルギー（バイオマス）に関して、都市では著しく低く、農村では高いポテンシャルを持つことがわかる。逆に飼料と肥料に関しては、都市が高く、農村が低いという自給率の関係になる。このように、都市と農村は過大・過少な自給率の項目をそれぞれの特徴として持っており、それらをお互いに連携・補完することによって自立への弱み（自給率の低い項目）を埋め

表-Ⅱ.8　自給率試算結果

	都　　市	農村	
	石狩	上川・網走・十勝3地域総合	北海道
食料自給率(%)	22	768	263
エネルギー自給率(%)(バイオマスによる)	3	43	25
飼料自給率(%)	88	61	98
肥料(窒素)自給率(%)	265	86	86
肥料リン自給率(%)	117	51	45

ることができる。そして、このような都市・農村連携により、2030年の北海道全体の食料、エネルギー(バイオマスによる)、飼料、肥料の自給の可能性を検討した結果(表-Ⅱ.8)、北海道は食料自給率を現在の200%からさらに向上させることができ、バイオマスによるエネルギー自給率も約25%レベルに持っていくことができる潜在能力を持つ。また、飼料や肥料についても、ほぼ自給できる潜在能力を有している。

このように、地域間連携および都市・農村連携により、食料・エネルギーに関する北海道の自立は、大きな可能性があるといえる。

2.3.4　炭素クレジット、生物多様性オフセット、代償ミティゲーション

(1)　森林の多面的機能や自然生態系の価値

日本は、国土の約2/3を森林が占める世界的にも有数の森林国である。しかしながら、安い輸入外材に押され、1965年(昭和40年)に71%あった木材自給率は、2008年(平成20年)で24%に過ぎない[26]。森林は、木材の生産以外にも多面的な機能(地球温暖化の防止、国土の保全、水源の涵養、自然環境の保全、良好な景観の形成、文化の伝承等)を有する。現在、安い輸入外材、林業就業者の減少・高齢化等により、森林業を取り巻く環境は厳しいものがある。しかも、植林から木材を切り出すまでの生育に長い年月がかかり、その間、間伐等の手入れは欠かせないもので、その費用が必要である。しかし、森林の多面的機能に対して正当な対価支払いがなされていないのではないだろうか。20年以上前に、森林の重要性に気付いた気仙沼湾の漁業者(現在のNPO法人「森は海の恋人」[27])もおられるが、多数の都市住民は森林に対してその重要性に気付かず、その機能に"ただ乗り"をしているのが

現状であろう。このようなことは広く自然生態系一般に言えるのではないだろうか。本項では、豊かな自然資源を持つ国や地域がその自然資源を維持・発展させることで、炭素クレジット、生物多様性オフセット等の可能性を有することについて議論する。

(2) カーボンオフセット

1997年に京都で行われた気候変動枠組条約第3回締約国会議(COP3)において、いわゆる京都議定書が採択され、日本は1990年比6％の温室効果ガス削減が義務付けられている。この議定書の主要点の一つに森林等のCO_2吸収源が削減目標の算定に加えられることがあり、日本は6％のうち3.8％(1,300万炭素t)を森林の吸収で実現すると計画している。また、1.6％をいわゆる京都メカニズム(国際排出量取引、共同実施、クリーン開発メカニズム)で対応するとしている。

第三者機関が認証する排出削減量(VER；verified emissions reduction)が民間で取引きされるようになった(カーボンオフセット)。京都メカニズムが削減義務達成のための制度であるのに対し、カーボンオフセットは自主的取組みによる制度だといえる。企業はCSR(社会貢献)や商品企業イメージの向上のためにカーボンオフセットに取り組んでいる。日本郵便のカーボンオフセット年賀はがきが有名である。これは年賀状1枚当り5円ずつを購入者と日本郵便で寄付し、このお金を排出権取引に充てる仕組みとなっている[28]。

環境省が中心となり、日本でもオフセット・クレジット(J-VER)が2008年に制定された。対象となるプロジェクト(ポジティブリスト)は、森林吸収(間伐促進、森林管理、植林)、排出削減(木質バイオマス、廃食油由来バイオディーゼル)がある。北海道からは、足寄町、下川町、滝上町、美幌町の4町が間伐を促進することにより申請している(2.4.1参照)。また、この4町協議会は、趣旨に賛同してくれる環境先進企業、団体等と協定を結び、それらから資金援助を受け、その代りとしてJ-VER制度に準拠したオフセット・クレジットを4町から渡す取組みを行っている。また、この4町と新潟県は、日本野球機構とカーボンオフセットを行っており、同時にプロ野球の森作り協定を結び、スポーツと森作りを通した都市と山村の交流を行っている。

一般社団法人モアツリーズの水谷氏は、上の4町と協定を結んで、都市と山村が繋がる次の3つのステップを提示している[29]。①オフセットで繋がる(空気で繋が

る)、②間伐材の利用で繋がる(物で繋がる)、③現地体験(人と繋がる)である。これらのステップを経て、都市と山村との持続的な関係が成立するのであろう。

(3) 生物多様性オフセット

生物多様性オフセットとは、「開発においてどうしても残る負の影響に対して、汚染者負担の原則に則り、その地域の生態系の損失をゼロあるいはプラスにすることを目標に、近くに同様な生態系を復元、創造、増強することである」[30]と定義されている。生物多様性オフセットは、アメリカで"代替ミティゲーション"として1950年代より発展した仕組みと同義である[30]。ある地域を開発しようとすると、生態系への負の影響がある。これを回避(例えば、規模縮小)し、最小化しても一定の影響は残る。この回避、最小化しても残る負の影響と同じ程度をプラスにする(復元、創造、増強等で)ことで、差引き影響をゼロにする(ノーネットロス)、もしくは差引き影響をプラスにする(ネットゲイン)代償のことを代替ミティゲーションと言う。ここで気を付けたいのは、ミティゲーションの順位は回避、最小化が先で、どうしてもダメだったら代償という手順を踏むことである。

ここで、生息地評価手続き(habitat evaluation procedure；HEP)が大変重要となる。これは、人間活動が保全すべき野生生物の生息地(habitat)に与えるマイナス、プラスの影響を、その生物種の立場から定量的に評価する手法であり、保全する生物種は何か、その生息地の機能は、広さと配置は、どのくらいの時間的に利用するのか、等の視点で評価する。

日本において生物多様性の保全と開発の実効的なメカニズムである生物多様性オフセットの本格的な研究はその途についたばかりだが、東北大学生態適応グローバルCOEが中心となり生物多様性オフセットの研究ネットワークを構築し、研究を開始している。このグループにも属し、日本のこの分野での中心人物である田中章氏は、CDM(クリーン開発メカニズム；clean development mechanism)のような国家間炭素量取引に類似した"地球生態系銀行"(アースバンク)の構想を持っている[30]。それを実現するための必要条件の一つは、自然生態系の保護、復元、創造、増強がコストではなく、クレジット生産できる利益を持つことであるとしている。

2.4 地域の持続的な取組み

2.4.1 森林を活かした都市・農山村連携：環境モデル都市、下川町

下川町は、北海道の北部に位置する人口約 3,700 人の町で、町面積 64,420 ha で、東京 23 区とほぼ同じである。その約 9 割が森林であり、「森林のまち」と言うにふさわしい町である。

1901 年(明治 34 年)に下川町の開拓が始まり、林業や鉱業を基幹産業として発展し、ピーク時には 15,000 人を上回る人口を擁した。しかし、高度経済成長期を経て、資源の枯渇と持続性の伴わない資源収奪型産業の限界により地域の疲弊化を招き、さらに営林署統廃合、JR 名寄線の廃止等と相まって、下川町は急速に過疎化の道を辿ることとなった。これらの課題解決に向け、長期的な展望に立った政策が必要となり、そのために町面積の 9 割近い森林を有する地理的特性や歴史的な背景から森林・林業に力を注いできた。

地域を活性化するため、自然資源や人的資源等の地域資源を最大限に活用し、持続性を伴った資源育成型産業・地域構造づくりに向け、「森林総合クラスター」の創造を目指した。具体的には、循環型森林経営の確立、森林認証の取得、ゼロエミッションの木材加工、エネルギー資源作物として早生樹「ヤナギ」の栽培、森林バイオマスのエネルギー活用等に取り組み、平成 20 年 7 月、国の「環境モデル都市」に認定された。現在、環境モデル都市の具現化に向けて、森林をキーワードとする様々なプログラムを実施する中、都市・農山村の新たな連携システムの構築・実現を目指している。

本節では、環境モデル都市を踏まえ、森林を活かした都市と農山村の今後の在り方に関する概念および取組みについて述べる。

(1) 環境モデル都市、下川町

地球温暖化が世界的に深刻化する中、日本は世界を先導する「低炭素社会の構築」を目指し、大幅な温室効果ガス(GHG)の削減に積極的に取り組む自治体として、北九州市、横浜市、富山市、水俣市、帯広市、下川町の 6 都市が「環境モデル都市」に認定された(2009 年 1 月に 7 都市が追加され 13 都市)。

下川町は、地球環境を守る鍵である森林の総合的な利活用と地域住民との協働運動、都市・企業との協働・連携を促進させてきた。そして、森林・林業を中心とした地域産業の振興と快適な生活環境創造を結び、地域経済の活性化を図りながら温暖化対策を促進させてきた。現在、環境モデル都市の具現化に向け、アクションプランに基づいた取組みを実践している。

(2)　森林・林業・バイオマスの総合利活用

　今日に続く下川町の「森林のまちづくり」は、1953年（昭和28年）、町内森林面積の約8割を占める国有林のうち1,221haを取得したことが一つの契機となり、「伐ったら必ず植える」という林業の基本姿勢を実践してきた。森林の伐期を60年と捉え、毎年40〜50ha程度の植林を継続し、3,000haの人工林の保有を目標に掲げ、幾度となく国有林の取得を行ってきた。現在では約4,470haの町有林を運営し、持続可能な森林経営が行われている。

　町の基本財産として造成されてきた森林を活用し、森林組合がゼロエミッション（廃棄物を一切出さない資源循環型システム）を理念とする森林管理と木材加工を担い、地域林業の振興と雇用対策に貢献している。森林組合の従業員数は65人、うち35人が都市からのIターン・Uターンであり、新たな雇用も生み出してきている。

　また、2003年（平成15年）に北海道で初となるFSC森林認証を取得した。FSC森林認証は、ドイツに本部を置く森林管理協議会（Forest Stewardship Council：FSC）が認証している、環境・経済・社会に配慮した森林管理の証しである。認証は、どのような理念をもって森林を築き、消費者に届けるかを示す「生産者の責任」でもあり、環境の時代に入り、今後は市場の優位性も期待されるところである。

　さらに、化石燃料に代わるエネルギーとして森林バイオマスの利活用を積極的に進めており、公共施設への木質バイオマスボイラー導入、木質バイマスボイラーによる地域熱供給システムの構築、次世代型バイオマスエネルギーであるバイオコークスの研究開発、早生樹「ヤナギ」栽培試験、エコハウスの建築促進等の用材としての利用に加え、木材の総合的活用に取り組んでいる。

(3)　森林を活かした企業・都市との連携

　下川町は、森林の新たな価値を見出すため、自治体レベルでのCO_2吸収量取引きを全国に先駆けて提案した。1997年に議決された京都議定書を背景として、7年

間にわたり森林を活用したカーボンオフセット制度を研究してきた。その間、他の山村地域に呼びかけ、北海道内の39自治体で構成する研究会等での協議を経て、現在、森林バイオマス吸収量活用推進協議会(足寄町、下川町、滝上町、美幌町)を設立した。そして、環境省が所管する「オフセット・クレジット制度(J-VER制度)」による森林吸収クレジットの発行に至った。このクレジットを活用し、パートナー企業との協定締結も進んでおり、既に一般社団法人モアトゥリーズ、(株)ジェーシービー、社団法人日本野球機構、(株)伊豆倉組の4団体とパートナーズ協定を締結し、長期にわたって共に地域の活性化に資する活動を継続させていく関係を築いている。

また、下川町を拠点に環境先進企業・団体が森林の多面的機能や環境価値を学ぶことを目的として、「プラチナ企業の森」の制度を創設した。第1号として、企業の環境貢献活動を主宰する日経BP社が本町の森林にネーミングライツを取得し、会員を本町に招く「森林環境実践セミナー」を開催した。今後、企業や都市住民が森林環境に関心を持つ機会として、さらなる地域間交流が期待できる。

他方で、東京都港区が全国に先駆けて検討を進めている「みなとモデルCO_2固定認証制度」において、既に「森と水ネットワーク会議」が設立され、国産材の活用促進に向けて都市と山村の新たな連携が始まっている。さらに、同じ環境モデル都市である横浜市との連携では、区民祭りや町内会で本町のJ-VERクレジットを活用するカーボンオフセットイベントが企画され、連携活動を通じた特産品の物流・人的な交流へ展開している(図-Ⅱ.12)。

図-Ⅱ.12 都市・農村連携のための新たなシステム

（4）おわりに

これまで先人が築き上げた地域資源を循環させ、新たな資源価値を創成し、農山村が持つ役割や価値の発信力を高めることで、都市や企業との新たな連携を生み出すこととなる。

環境の時代・地域主権社会が叫ばれる中にあって、「市場一元支配社会」から「多元的経済社会」への転換を担う主役は地方であり、農山村でなければならないであろう。地域の住民側・自治体側の覚悟のもと、過去の経験則を生かしながら未来を語り、そして実践していくことにより、地域の将来を展望することが重要である。

2.4.2　循環型社会を目指して：富良野方式によるリサイクルシステムの構築について

（1）　リサイクル率93％で「ふるさとづくり賞」

北海道の中央部に位置する富良野市は、「北海道のへそ」と言われ、東に十勝岳をはじめとする大雪山系の山並み、西には芦別岳をはじめとする夕張山地の山並みが聳え、南に天然林の大樹海を有する雄大な山々に囲まれている。この緑豊かな自然環境と地理的条件に恵まれた中、富良野市は農業を基幹産業とし、それに観光が調和した都市として発展してきた人口24,143人の町である。

本市は、富良野方式といわれるごみリサイクルの取組みによりリサイクル率（資源化量／総搬入量）93％の数値を達成し、2003年、総理大臣賞表彰「ふるさとづくり賞」を受賞した。また、富良野が舞台となったTVドラマ『北の国から』の放映等により年間200万人を超える観光客が訪れた。そして、国内1,000の市区町村を対象とした2007年に民間の調査機関が実施した地域ブランド調査において、富良野市は「環境にやさしいまち」イメージランキングの2年連続全国1位に輝いている。

（2）　生ごみを活用した農業リサイクル体系の確立

高品質・多収の安定した農産物生産には土壌を通じて十分な栄養が供給されなければならないとの観点から、富良野市は土壌中の微生物の機能を発揮維持させるための有機物施用に重点を置き、身近な有機物資源の再利用を主とした徹底した土壌管理を「農業リサイクル」として行ってきた。そして、自然生態系に即した土壌活性化を積極的に推進することを目標に、有機物還元施用計画目標を20,000tと設定し、そのうち市内自給分として一般家庭からの生ごみ堆肥を3,000t還元施用することを推進する「富良野市農業計画」を策定した。そして、1984年、新地域農業生

産総合対策事業(補助率1/2)により総工費約3億円をかけ、処理能力14 t/日の「富良野市有機物供給センター」を建設した。

生産した堆肥に「バイオソイル」と名付け、農地で3年間の施用試験を行い、肥料効果および土壌改善に一定の効果の確認ができたことから、利用農家に対して1,800円/m^3で販売を開始した。その結果、農地へのカラスやキツネによる農業被害がなくなり、生ごみを活用した農業リサイクルの確立により高品質で安全、かつ異常気象でも安定した農業生産が可能となった。

2003年4月からは周辺5市町村(富良野市、上富良野町、中富良野町、南富良野町、占冠村)で生ごみを共同処理する富良野広域連合環境衛生センターを建設し、広域で堆肥利用を図っている。

(3) 厄介者のごみから固形燃料(RDF：refuse derived fuel)

生ごみを分別した後のごみは、大量消費の末に排出されているプラスチックフィルム類や発泡スチロール類、紙類が大半を占める。これらのごみは、大型重機でいくら転圧し固めようとしても地盤がフワワワとした状態となり、その状態を改善するための多量の覆土が必要となっていた。その結果、埋立て処分場の寿命が短くなり、これらのごみは厄介者として扱われていた。その頃、民間企業で研究されていたのがプラスチックフィルムとバーク材を原料とする固形燃料化である。富良野市では公共施設の暖房用燃料に石炭を主として使用していたことから、埋立て処分場の厄介者を石炭の代替燃料として活用できないかとの発想が生まれたのである。1988年7月、農業地域定住促進対策事業(補助率1/2)により、総工費約2億900万円をかけ7.2 t/日の固形燃料化施設を建設し、全国で初めて都市ごみからの固形燃料製造を開始した。この事業の推進には、固形燃料の原料となるプラスチックフィルム類や発泡スチロール類、紙類、木類等の可燃ごみを分別するという市民の地道な協力が根幹となっている。固形燃料は年間800 t生産され、11,500円/tで市内の公共施設(小中学校3校、支所、温泉施設)で利用されていた。現在、燃焼管理の問題から市内での利用はなく、江別市の製紙会社のボイラー燃料および札幌市の地域暖房に全量利用されている。

(4) 「燃やさない・埋めない」富良野方式によるリサイクルシステム

富良野市は、ダイオキシン問題から「脱焼却」を実現するため、庁内にプロジェク

トチームを結成し、ごみ分別の全面的な見直しを行った。これまで焼却処分していたごみを資源化するため、ごみの組成を徹底的に調べ、それぞれのごみの特性から新たなごみ分別方法を考案した。これが富良野市方式と言われるごみの14種分別（図-Ⅱ.13）である。

他市町村との大きな違いは、分別品目に「燃えるごみ」または「燃やせないごみ」という表現がないことである。他市町村の場合、ごみは焼却処理もしくは埋立て処理されるため、数種類程度のごみ分別で事足りる。つまり、ごみ処理施設の搬入条件により分別品目を決めているからである。富良野方式といわれるリサイクルシステムは、「燃やさない・埋めない」を基本理念とし、これまで取り組んできた生ごみの堆肥化利用や有価物等の資源回収、固形燃料化によるエネルギーの創出等のリサイクル精神を柱としていることがごみに対する考え方の特徴といえる。

図-Ⅱ.13　ごみ14分別

2001年10月、全市民対象にごみ分別説明会を開催し、脱焼却を目的としたごみの14種分別を導入し、これらの取組みにより2003年度にリサイクル率93％を達成した。また、市民意識調査の結果によると、富良野市の施策45項目中、ごみの分別とリサイクルが市民の満足度第1位となっている。富良野方式は、精度の高い市民のごみ分別が必要となることから、分別ルールを守らないごみに対して警告シールで再分別をお願いしている。また、出前講座の開催、リサイクル掲示板の発行、リサイクルフェアの開催、小学校の社会科副読本「ごみとくらし」の作成等を実施し、ごみ分別の普及啓発活動に努めている。

(5)　今後の展望

われわれの生活や事業活動から排出されるごみは、すべて消費された資源の残りである。富良野市のリサイクルシステムは、その資源を有効活用することで化石資源の消費を抑制することが期待できる。また、2008年度富良野市新エネルギービジョンを策定し、現在、やむなく地域外で利用されている固形燃料の地域内利用へ

の再検討とごみに限らず地域特性を活かしたバイオマス等のエネルギー資源の創出を目指すこととしている。富良野市は、将来の望ましい環境像を「『環境と共生』の文化を標榜する資源循環型のまち　ふらの」と設定し、2001年3月に富良野市環境基本計画を策定している。今後は、自然の再生能力の範囲内で活動を行う循環型社会を目指すことを目標に市民・事業者・行政が連携・協力するシステムの構築を図っていくことになる。

2.4.3 伊達市の移住促進政策について：「伊達ウェルシーランド構想」による官民協働のまちづくり

(1) 伊達市の地域特性と課題

北海道南西部に位置する伊達市は、明治3年、仙台藩一門亘理領主伊達邦成とその家臣たちの自費による集団移住という独特の生立ちを持っている。

自然環境は、内浦湾に面し、日本海から津軽海峡を通過する対馬海流の影響により、北海道にあっては、四季を通じて温暖で、積雪も少なく、最も穏やかで恵まれた気象条件と自然環境にある。それ故、古くから定年退職等を機に北海道内から移り住む人が多く、「北の湘南」と称されるほど「快適居住地」として知られている。

基幹産業は、この自然環境を活かした農業や水産業で、特に農業は約70品目の野菜を中心に畑作、稲作、果樹栽培、酪農等を展開している。商業は、鉄道・道路交通の要衝であったことから、日常生活圏はもとより、周辺町村を含めた広域的な商圏ゾーンとして発展してきた。住居はもちろん、銀行、商店・スーパーマーケット、医療・介護・福祉施設等が街の中心部に集積して、コンパクトな街並みが形成されており、住民が豊かで安心して暮らせる環境が整備されてきた。

一方で、地域経済の停滞や財政の窮迫等、地方都市が持つ共通の課題も抱えている。特に全道・全国の平均を上回る高齢化の進展、若年層の都市部への流出に伴う人口の自然減は、構造的な課題であった。

(2) 政策コンセプトと手法

これまでのまちづくりは、行政の財政負担を前提に展開されてきたが、厳しい地方財政の現状からはこれ以上の財政負担は困難であり、この現実をマイナスと考えるかビジネスチャンスと捉えるかで、まちづくりの方向性は大きく変わる。

伊達市の地域特性を最大限に活かした他市にない新たな視点・発想によるまちづ

くりを展開し、安心して暮らせる地域づくりを目標に、活性化、自主自立のまちづくりに取り組んでいる。これが住みやすいまちづくりと地域経済の活性化を目指した「伊達ウェルシーランド構想」で、"人の誘致"と連動した一体化したものになっている(図-Ⅱ.14)。

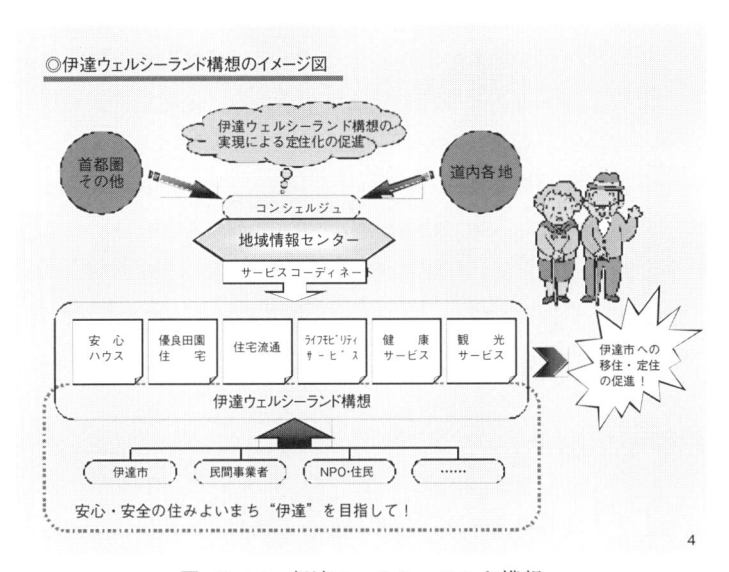

図-Ⅱ.14 伊達ウェルシーランド構想

　この構想のコンセプトは、第一に、多様化する市民ニーズを的確に把握し、高齢者等を対象とした新しい生活産業を創出しながら、ビジネスとして展開することである。第二に、民間と行政の「協働」である。第三に、経済合理性を持つ開かれた地域システムを構築することである。これらが実施されることで、「住んでみたい」、「住み続けたい」と思える魅力あるまちとなる。

　アプローチの手法としての第一の特徴は、地元企業や金融機関、福祉関係者等の様々な分野から概ね50歳以下の比較的若い層で発足したボランティア組織「プロジェクト研究会」(2002年)にある。この年齢層は10年から20年先の街の将来を担う世代であるとともに、自身の企業を背負う重要な人材でもある。この研究会は、自由闊達なビジネスモデルの提案を受けて具体的活動を展開する「豊かなまち創出協議会」(2004年)に組織を再編し、現在も活動している。活動の中心は市民(民間)であり、市役所はサポート役として機能を発揮してきた点に特徴の一つがある。第

二の特徴は、市民の生活環境の改善・創造を発想・取組みの起点としていることである。社会情勢が大きく変化し多様化している中、求められている市民ニーズを的確に把握することがコミュニティビジネスを生み、また、市民生活の利便性に繋がる。第三の特徴は、その取組みを新たな地域ビジネスとして発展させていることにある。

市役所が多様なサービスを公的な行政サービスとして展開する場合と違い、民間がビジネスとして実施することは容易ではなく、ある一定のリスクを負っても事業に踏み切るという決断を必要とする。一方、市役所も民間ビジネスであっても支援していくという割切りが必要である。

現在、この取組みにより、地域において一定の広がりと定着性、日常性をもつ活動が形成され、地域全体が活性化する要因となっている。それと同時に、この一体的な取組みが魅力ある街を形成し、北海道内をはじめ、東京等の首都圏からも移住・定住者が増えている。

(3) 主なプロジェクト

a. 伊達版安心ハウス　　安心ハウスとは、バリアフリー、24時間緊急時対応、付加サービスとしての食事提供等、高齢者が安心・安全・快適に住まえる良質な建物の総称である。現在、住宅型の安心ハウスは、2棟(65戸)が民間事業として供給されている。

b. 伊達版優良田園住宅　　市有地であった農業センター跡地を活用した民間開発による事業である。平成17年3月、市が「優良田園住宅の促進に関する基本方針」を策定後、公募型のプロポーザル方式により開発事業者を選定し、平成20年4月に宅地造成地が完成し販売している。

c. ライフモビリティサービス(愛のりタクシー)　　高齢化が進む中で、平成18年11月から伊達商工会議所が事業主体となり、自動車を運転しない高齢者等が安心して利用できる生活支援型の輸送サービスとして会員・予約制、ドアtoドアの乗合いタクシーの運行を開始した。

d. 人の誘致(移住支援)

　① 移住相談ワンストップ窓口の設置　　首都圏に住む団塊の世代を中心に、都市部から地方(農村部)への転居指向が強まっていることから、移転を希望する人たちをサポートするものである。電話やメール・来庁による相談や各種情報

提供、市内や現地案内等を行っている。
② 移住促進のための各種PR事業の実施　パンフレットや映像の作成および配布、首都圏等で開催される移住促進イベント・フェアへの相談ブース等の出展、専用のポータルサイトの開設・運営等、市のPRやまちづくりに関する情報提供等を行っている。
③ 移住体験事業(ちょっと暮らし)の実施　ちょっと暮らしや季節滞在希望者向けに家具・家電等の生活用品一式を備えたちょっと暮らし用の賃貸住宅を民間物件として用意し、実際に生活することで街の良さや地域住民とのコミュニケーションが図られ、安心して移住できるよう取り組んでいる。

このように、伊達市は「伊達ウェルシーランド構想」によるまちづくりを核に、行政と民間が一体となり、都市と農村の連携を意識した田舎ならではの発想で、街の魅力の発信に取り組んでいる。

ここで、都市・農村連携を意識した構想の一つである長期滞在の実例を示す。その方は、東京都小金井市に在住の橋本忠男氏である。橋本氏は、夫婦で毎年夏の期間中3～4ヵ月ほど伊達市に滞在する生活を8年間続けてきた。橋本氏は1942年生まれの現在68歳だが、61歳の時にそれまで経営してきた機械製造会社を辞め、引退した。ご夫人も橋本氏の引退と共に料理家の仕事を辞め、夫婦ともに引退した。夫婦は、外国での長期滞在も考えたが、たまたま訪れた伊達市が気に入り、長期滞在者として北海道に溶け込んでいる。橋本氏は、持続社会に向けた都市-農村生活の在り方について、次のように述べている。

「私の経験から思うことは、長期滞在を楽しみ成功させるためには、その町に住む人たちとの暖かい交流が欠かせないと思います。都会から農村に来ると、いろいろと新しい発見があります。すべてが合理主義で行われている都市から見ると、農村はいまだにのんびりしているように感じます。それがまた農村生活の良さでもあるのでしょう。以前より農村から都市に移り住み、名門大学へ行ったり、高収入の仕事を求める人は絶えません。それが都市人口を増やしていますが、その一方、希望と違い貧困をもたらしているという現実もあると思います。したがいまして、農村や漁村の人口流出を止めるには、住民たちが自分の街の魅力を再発見し、その街で生活することの方が、都会生活より楽しい、生活しやすい、心豊かにいられると感じられるようにすれば良いのではないかと感じています。そのためには「自然を破壊しない」ということが何よりも重要です。故郷を離れた人

たちは故郷に自然を求めて帰って来ます。観光客や長期滞在の人たちも自然を求めてやって来ます。農村に「ミニ東京」を求めてはいません。私から見た農業、漁業の非合理性を発見し、指摘もしています。都市でも農村でも生活するうえで収入は必要ですが、農村や漁村にはお金に代えられない自然や人の暖かさがあります。その重要性をそろそろ日本人も理解すべきではないでしょうか？」

文献

1) 大崎満：生物生産生態と地域社会を統合するサトヤマ概念、サステイナビリティ学への挑戦（小宮山宏編）、岩波科学ライブラリー137、岩波書店、2007。
2) 森まゆみ：森の人 四手井綱英の九十年、晶文社、2001。
3) 荏開津典生：農業経済学（第三版）、岩波書店、2008。
4) 柴田明夫：食糧争奪－日本の食が世界から取り残される日、日本経済新聞出版社、2007。
5) Ramakrishna R.Nemani, Charles D.Keeling, Hirofumi Hashimoto, William M.Jolly, Stephen C.Piper, Compton J.Tucker, Ranga B.Myneni, Steven W.Running：Climate-Driven Increases in Global Terrestrial Net Primary Production from 1982 to 1999, Science, 300, 1560-63, 2003.
6) Maosheng Zhao and Steven W.Running：Drought-Induced Reduction in Global Terrestrial Net Primary Production from 2000 Through 2009, Science, 329, 940-943, 2010.
7) H.Ren, D.M.Sigman, A.N.Meckler, B.Plessen, R.S.Robinson, Y.Rosenthal, G.H.Haug：Foraminiferal Isotope Evidence of Reduced Nitrogen Fixation in the Ice Age Atlantic Ocean, Science, 323, 240-244, 2009.
8) 梅棹忠夫：文明の生態史観、中公叢書、中央公論社、1967。
9) 梅棹忠夫：日本探検、中央公論社、1960。
10) アーノルド・トインビー、黒沢英二訳：東から西へ、毎日新聞社、1959。
11) 芳賀信一：根釧パイロットファームの光と影、道新選書、北海道新聞社、2010。
12) 河野広道：北海道自由国論、河野広道著作集Ⅱ（続北方文化論）（河野広道著作集刊行会、1972）、所収、1946。
13) 中谷宇吉郎：北海道開発に消えた八百億円（昭和32年4月「文藝春秋」）、中谷宇吉郎全集第八巻（岩波書店、2001）所収、1957。
14) アイヌ民族学博物館：アイヌの歴史と文化、1994。
15) 北海道開発局開発監理部開発計画課：『北海道経済・社会指標データベース（平成22年度版）、2010。
16) 佐藤寿樹・辻宣行・田中教幸・大崎満：サトヤマ工学をめざして、環境技術、Vol.39, No.9, 530-535, 2010。
17) 日本エネルギー学会：バイオマスハンドブック、オーム社、2002。
18) 佐藤寿樹・辻宣行・田中教幸・大崎満：北海道における地域の農畜林水産業を考慮したバイオマスエネルギー賦存量と自給ポテンシャル分析、「平成20年度日中研究交流支援事業調和（和階）社会総合モデル」構築に関する日中共同研究報告書(外務省編)、63-70、2009。
19) 天野治：石油ピーク後のエネルギー、愛知出版、2008。
20) 天野治：石油ピーク後をどう生きるか、愛知出版、2010。
21) 佐藤寿樹・宮崎稔也・辻宣行：木質ペレットのエネルギー収支比評価、北海道大学サスティナビリティ・ガバナンス・プロジェクト(SGP)最終報告書、82-94、2010。

22) 天野治・土屋陽子：RDF、堆肥コンポストのEPR分析（北海道大学サスティナビリティ・ガバナンス・プロジェクト(SGP)・もったいない学会EPR部会共編、バイオマスのエネルギー収支比(EPR)分析と道内の取り組み事例）、13-17、2010。
23) 北海道未来総合研究所：北海道市町村経済の将来推計－人口要因が市町村のGRPに与える影響：2000～2030年－、2006。
24) 北海道未来総合研究所：北海道180市町村の人口シミュレーション－将来推計人口改訂版：2005～2035年－、2008。
25) 北海道経済産業局：グラフで見る石油・ガス。http://www.hkd.meti.go.jp/hokno/graph_oil2010/graph2010.pdf。2010年10月13日。
26) 林野庁HP。http://www.rinya.maff.go.jp/j/press/kikaku/pdf/1090710-03.pdf。
27) NPO法人森は海の恋人HP。http://www.mori-umi.org/index.html。
28) 小林紀之編：森林吸収源、カーボン・オフセットへの取り組み、全国林業改良普及協会、2010。
29) 水谷信吉：森づくりによるカーボン・オフセットと間伐材の利用促進（小林紀之編、森林吸収源、カーボンオフセットへの取り組み、全国林業改良普及協会）、2010。
30) 田中章："生物多様性オフセット"制度の諸外国における現状と地球生態系銀行、"アースバンク"の提言、環境アセスメント学会誌、7（2）、1-7、2009。
31) 石井寛：第5章 林業（大沼盛男編、北海道産業史）、北海道図書刊行会、2002。
32) 小田清：第8章 基礎素材工業（大沼盛男編、北海道産業史）、北海道図書刊行会、2002。
33) 林野庁編：森林・林業白書平成22年版、財団法人農林統計協会、2010。
34) 全林協編：ニューフォレスターズ・ガイド［林業入門］、全国林業改良普及協会、1996。
35) 森林化社会の未来像編集委員会編：2020年の日本－森林、木材、山村はこうなる－森林化社会がくらし・経済を変える、全国林業改良普及協会、2003。

3. 広域低炭素社会と国際連携

3.1 広域低炭素社会の政策フレーム

　気候変動問題が多くの不確定性を抱えているとしても、低炭素社会の実現は、人類社会の持続可能性を実現する以上、不可欠で必要な条件である。日本政府は、2020年のCO_2排出量を1990年比25％削減との中期目標を発表した。しかし、日本は既に世界最高の省エネ・高効率化を達成しており、CO_2を一層削減するにはコストが高く、劇的削減は不可能であり、また国内で「真水」で達成するには世代間の公平性から考えれば現世代に過剰な負担をかけかねないものと考えられる。一方、中国は、2020年のCO_2排出原単位は2005年の40～45％まで削減するという国内に拘束力のある中期目標を気候変動枠組条約第15回締約国会議（COP15）にて公表した。この目標を実現するなら、2020年時点の排出量は、2005年の1.45～1.57倍（年増加率2.5～3.1％相当）となる。これは、これから年7％近い経済成長を維持しながらCO_2増加率はその3分の1ほど抑えることを意味する。中国は削減ポテンシャルが高く、費用対効果が大きいといえるが、上述の目標を実現するための自助努力には技術的・経済的に限界がある。このジレンマは、中国のみならず、インドをはじめ他の途上国にとっても一般的な課題であると考えられる。

　低炭素社会の実現は、先進国と途上国が共通に目指すゴールであり、そして気候変動問題の緊迫性、CO_2の特徴（どこで削減しても、どこから排出しても気候変化に対してはほぼ同じ効果）とCO_2対策のコベネフィット効果等から、革新的な技術の開発と適正技術の移転、経済と社会システムの変革および戦略的イノベーションによる国境を越えた広域低炭素社会、いわゆる「東アジア低炭素共同体」[1]の実現が重大な課題となり、比較的に実現可能性の高い、かつ優先度の高い構想としてまず先行すべきと考えられる。

　本節では、エネルギーシステムに関する最適化評価ツールの開発、都市・農村連携によるエネルギー・資源システムの最適化と国際連携による互恵関係の構築について検討し、広域低炭素社会を実現するための国際政策提言を行う。

　広域低炭素社会の実現は、温暖化対策に加えて、経済、環境、社会の調和が取れ

た持続可能で活力のある国際社会を形成していくものである。このための要素課題として、①革新的低炭素技術の開発と既存技術の移転、②低炭素化経済産業システムの創出とライフサイクル等の低炭素社会システムの変革、③国際連携によるエネルギー・物質循環のエコデザイン、④パイロットモデル事業を通じて、低炭素社会の実現可能性について先駆的に実証し、持続可能な低炭素社会への移行過程を具現化するロードマップの提示、⑤アジア地域の低炭素社会建設を誘導する政策提言、⑥日中戦略的互恵関係を具現化するための協力モデルとしての実証研究、等が挙げられる[2〜4]。

　この広域低炭素社会の構築は、次に示すように重層的な構造を持っている。

　第一の軸は、「時間」要素である。「共通だが差異のある責任」原則に基づいて、気候変動枠組みにおけるアジェンダも、国により3段階に分けるべきであると考える。中国では2012年までは自発的段階、2013〜2020年は自主的段階、2020年以降は強制的段階と予想する。事実上、COP15において中国は2020年までにGDP当りCO_2排出量を2005年比40〜45%削減するという国内に法的拘束力のある自主目標を公表し、既に自発的段階から自主的段階に向けて行動を始めている。

　第二の軸は、「空間」要素である。これはその規模の大小やグループの持つ機能の差異に応じて、①都市・農村連携によるローカル低炭素化、②国境を越えた2国間連携(日中低炭素共同体)、さらに③東アジア地域を対象とした多国間連携による広域低炭素化の実現が不可欠である。

　第三の軸は、「政策」要素である。個別問題から複雑な問題へ、ローカル問題からグローバル問題への一石多鳥型統合政策が求められる。特に、途上国の場合は、貧困、公害のローカルな問題に加え、地球規模の環境問題にも同時に直面し、これらに同時に対処せねばならない状況に置かれている。

　第四の軸は、「結果」要素である。低炭素共同体のメリットを事例で挙げてみよう。2007年の中国の年間火力発電量は2兆7,229.3億kWhである。2005年の日本と中国の石炭火力発電の平均発電効率はそれぞれ43%と32%である。そこで、日本の技術導入によって中国の石炭火力の発電効率を日本並みに向上できれば、CO_2削減量はそれだけで7.1億tとなる。ちなみに、日本のCO_2排出量は1990年度で11.43億t、2007年度は13.7億tである。すなわち、中国の火力発電の効率を向上するだけで削減できるCO_2の排出量は、日本のCO_2総排出量の実に半分に相当するものとなり、それに伴うビジネスチャンスと公害汚染物質の削減効果も膨大である。こ

れがすなわち、「国際互恵補完関係」を目指す「結果」である。

このように、広域低炭素社会の構築は、地球の持続可能性の達成および先進国と途上国の持続可能な開発の実現に寄与するものと考えられる。具体的には、以下のような効果が期待される。

① 「東アジア共同体」構想の具現化の一環として　EUの東アジア版とする「東アジア共同体」が提唱されている。そして中国、韓国を含め、多くの国より賛意を得られている。しかし、東アジア地域は世界でも有数の流動性、多様性と格差を持つ地域である。共同体の中身（地域範囲と分野：政治、経済、軍事、エネルギー、環境等）次第ではあるが、EUのような共同体の実現はそう簡単なものではない。一方、前述のように、気候変動問題の緊迫性と不確実性、CO_2の特徴とCO_2対策のコベネフィット効果等から、国際互恵型広域低炭素社会、いわゆる「東アジア低炭素共同体」[5]は、「東アジア共同体」構想の具現化の一環として比較的実現可能性の高い、かつ優先度の高い構想である。その中でも、特に日韓中で構成される三国低炭素共同体の実現は最も優先すべきであると考えられる。

② 「25％数値目標」実現の方策として　日本は既に世界最高水準の省エネ・高効率化を達成しており、CO_2を一層削減するにはコストが高く、劇的削減は不可能であり、また世代間の公平性から考えれば現世代に過剰な負担をかけかねない。また、気候変動の不確実性、費用便益効果から国内の「真水」での達成は、必ずしも最適解ではない。前述のように、中国の火力発電の効率を日本の2005年レベルまでアップできれば、これによるだけで年間のCO_2削減量は日本の年間総排出量の約半分となることから、日本の技術を産業として東アジア地域へ移転し、同地域のCO_2削減に貢献した方が「25％数値目標」実現の一助になる。

③ 日本の産業技術立国のモデル事業として　前述の火力発電分野での協力は、CO_2の排出量を効率よく削減すると同時に、日本の環境・エネルギー技術（大手企業と中小企業）の産業としての海外進出に寄与できる、いわゆる「一石多鳥」効果を期待できる。技術には「賞味期限」があり、適切なタイミングで移行しなければ先進国と途上国の間の技術「格差」は急速に縮小していく。また、ある先進国が中国へ進出していかなければ他の先進国が代わりに入ってしまう。環境負荷の低減に資する日本の産業技術をいかに海外へ浸透させるかは、産業

技術立国の切り口として喫緊の課題であり、産官学連携の取組みが問われる。
④ 途上国の持続可能な発展と気候変動国際協力のモデルとして　広域低炭素社会の実現は、国際互恵協力、一石多鳥型のモデル事業である。中国の場合は、GDP 当りの CO_2 排出量は日本より遥かに高いものの、固定電話を超え、携帯電話の世界に突入し、また分散型自然エネルギーの大量使用等、先進国以上に低炭素社会を実現しやすい有利な後発者利益がある。すなわち、経済成長・公害克服と低炭素化のコベネフィットが明確になれば、これは途上国・新興国の低炭素化政策への強力なインセンティブになる。

このような「東アジア低炭素共同体構想」を具現化する広域低炭素社会の実現のための国際政策提言を推進するためには、多くの課題を残している。どのような形であれ、共同体構想を実現するためには、それぞれの国・地域が相互信頼関係を樹立することなしには、実現化はありえない。歴史を学び、歴史を創造することなしには、地域レベルの低炭素社会の構築も困難である。今後の課題として、経済発展（貧困克服）・ローカル環境問題（公害克服）・グローバル環境問題（CO_2 削減等）ならびに、大気・水・土壌問題の共同解決、人的交流・人材育成、構想実現のための資金メカニズムの検討等、課題が山積みである。本稿をその嚆矢として、さらなる研究の展開を図ることとしたい。

3.2　広域低炭素社会実現のための評価モデルの開発とケーススタディ

「広域低炭素社会」実現のための将来シナリオの構築と対策の定量評価を行うために、ローカル低炭素化を実現するための都市・農村連携による最適化分散型エネルギーシステム評価モデルと国際連携によるエネルギー・経済統合評価モデル（Glocal–Century Energy and Environment Plan Model；G–CEEP モデル）を開発した。前者は次節で、後者は本節で紹介する。

G–CEEP[5]モデルは、エネルギーの生産、エネルギーの転換と輸送（海外との輸出入を含む）とその消費に基づき、長期間・広範囲の視点から構築する線形最適化計画モデルであり、各地域のエネルギーシステムの最適化と特定の政策措置を解析し、地域全体のエネルギー消費と環境排出量を予測できる。対象とする分析地域は、日中韓の3ヵ国＋ASEAN諸国とする。その中で、中国についてはさらに6つのサブ地域に細分化する。

サブモデルは、マクロ経済モデル、エネルギー最適化モデルと環境評価モデルの3つのサブモデルを含む。エネルギー最適化モデルでは、対象とする地域の域内エネルギー採掘、他国や地域間のエネルギー輸入と輸出を考慮している。マクロ経済モデルはGDPと人口、消費と投資、貿易と貨幣為替レートの3つの影響要因を考慮している。これらの影響要因は産業工業構成と生産状況を通じ、直接的または間接的にエネルギーの供給と需要のバランスを調整する。環境評価モデルは、温室効果に寄与するCO_2の削減技術や、酸性雨等の原因となるSO_2やNO_xの排出削減技術、さらにはこれらの削減技術を導入することのインセンティブとなる環境税や国際協力メカニズムであるCDM(clean development mechanism)を考慮している。

G-CEEPモデルの対象期間は1995年から2050年までであるが、研究目的に応じて調整することができ、分析上の便宜を考慮し、5年刻みで11の時間枠に分けている。各時間枠において、エネルギーの生産、輸送、消費バランスをそれぞれ最適化し、エネルギー消費構造と温室効果ガスの排出に関して研究を行う。

モデルに関わるエネルギー部門が供給側と需要側で82に分類されている。供給側の一次エネルギーには主に石炭、石油、天然ガス、水力、原子力、および風力、熱エネルギー、太陽光、バイオマス等の再生可能なエネルギーがある。供給側のエネルギー部門として上記以外に、少量ではあるがエネルギー多様化に役立つアルコール燃料、都市ごみ燃焼発電、またコストが高いが将来性のある水素エネルギー資源等も考慮している。最終エネルギー需要部門は農業、工業、運輸業、住民の生活部門、商業と公共施設の5つの部門に分けられている。これらの各部門が固体燃料、液体燃料、気体燃料、電力等の違うタイプのエネルギー需要をそれぞれ独立した形で行う。

本モデルは供給技術、輸送技術、省エネ技術等を含むエネルギー応用技術を考慮している。各種の主要エネルギー資源のほとんどが最初は電力に転換され、それからそれぞれ違うエンドユーザーに輸送されている。モデルでは最も使われている発電技術は2種類に分けられる。第1種は石炭火力発電、石油発電と天然ガス発電等の化石燃料電力であり、電力の需要の度合いにより発電量を調整できると仮定する。第2種は水力発電、原子力発電、再生可能なエネルギー発電等、発電技術によって固定容量のある発電所とする。またモデルでは、他のエネルギー転換技術と貯蓄技術および省エネ技術も考慮されている。

需要側について、電力需要の時間帯は、ピーク期、中間期、オフピークに分けら

れる。このような電力使用負荷により、電力システムの需給バランスを保つためには、電力使用負荷により電力需要のピーク期にはストックされた電力が必要となってくる。また、電力システムの不安定を避けるため、容量変化範囲が比較的大きい風力発電や太陽光発電等の再生可能なエネルギー発電の送電網への輸送量は15％以内と制限されている。

エネルギー資源の輸送方式は主に道路、鉄道、水運、航空、パイプライン、送電網の6種類がある。石炭の地域間輸送では鉄道と水運等があり、石油の輸送方法は主にタンカー、パイプライン等であり、天然ガスはパイプライン輸送を主要とし、他にはウランと液体水素の輸送も検討中である。

モデルの目的関数は、エネルギーシステムの総コストを最小化することである。総コストは、国別で分類されたエネルギーの費用、設備導入費用と設備の最終回収費用を含んでいる。環境税とCDMプロジェクトを導入する際、環境税とCDMプロジェクトのコストをシステムコストの一部とし、最小の総コストを求める。

$$T_{\text{cost}} = \sum_{n}\sum_{t} \gamma_t \times (MAI_{t,n} + NEW_{t,n} + REC_{t,n} + IMP_{t,n} - EXP_{t,n} + \sum_{i}\rho_i EMI_{i,t,n}) / (Fn \times F_{\text{GDP}}) \quad (1)$$

ここで、T_{cost}：システム総コスト（10^6 LCU[*1]）、γ_i：t時期の貨幣価値換算係数（割引率）、$MAI_{t,n}$：t時期n地域の年度維持管理費用（10^6 LCU）、$NEW_{t,n}$：t時期n地域の毎年新規導入設備費用（10^6 LCU）、$REC_{t,n}$：t時期n地域の回収費用（10^6 CU）、$IMP_{t,n}$：t時期n地域のエネルギー輸入支出費用（10^6 CU）、$EXP_{t,n}$：t時期n地域のエネルギー輸出収入費用（10^6 LCU）、ρ_i：iタイプ（CO_2、SO_2、NO_x）環境排出の係数と税金、$EMI_{t,n}$：iタイプ環境排出物の排出量、F_n：貨幣為替レート、F_{GDP}：GDP影響要素。

モデルでは関連する各要素の線形均衡関係式を構築する必要があり、主にエネルギー生産、輸送と消費の関係による40の均衡と制約関係を考える。式(2)はメインのエネルギー需給の均衡方程式である。この式では1995〜2050年の間、エネルギー生産量と最適化数式を通して得た各種の技術とその他地域の輸入・輸出量の和が、予測したエネルギーの需要量より多いことを表している。

$$\sum_{e}(\sum_{tch} PRO_{t,ne,tch} + TRA_{t,n,e} - DEM_{t,n,e}) \geq 0 \quad (2)$$

[*1] LCU：Local Currency Unit。

ここで、$PRO_{t,ne,tch}$：t 時期 n 地域末端 e エネルギー生産量、$DEM_{t,ne}$：t 時期 n 地域の e エネルギー輸入／出量、$DEM_{t,n,e}$：t 時期 n 地域 e エネルギー需要予測量。

G–CEEP モデルは、主に以下の機能を有する。

① 東アジア地域を重点にした詳細な低炭素シナリオ予測　経済発展、エネルギー供給と環境排出政策による日中韓の3ヵ国を含めた東アジア地域における将来のエネルギー消費量と CO_2 排出量を予測する。

② CO_2 削減効果だけでなく、SO_2 や NO_x 削減等のコベネフィット効果の統合評価　東アジア地域における CO_2 や SO_2 排出削減の総合戦略評価（最小コストによる最適化）を行う。

③ 炭素税と硫黄税等の政策の導入効果や CDM 等の国際協力メカニズムによる国際互恵型協力の定量的な評価　日中韓の3ヵ国における CO_2 や SO_2 の排出削減について協力シナリオの最適評価を行う。

G–CEEP モデルを用いて、環境税（炭素税、硫黄税）や CDM プロジェクトが地域のエネルギー消費構造と環境排出量に与える影響について分析評価ができる。そのケーススタディとして、中国を事例とした、硫黄税と炭素税の導入に関するシミュレーションを行った。その結果は、主として以下に示すとおりである[6]。

ⓐ 硫黄税（SO_2 排出税）導入効果　硫黄税を徴収する際、中国におけるエネルギー消費構造にもたらす最も大きな変化は石炭使用量の減少である。2020年を例とすれば、税率を 0.304 US ドル/kg とした場合、最終エネルギー消費に占める石炭の割合は課税しない場合の 68.2％から 61.0％にまで下がる。同時に、原子力発電の占める割合が 0.3％から 1.0％まで上昇し、新エネルギーや再生可能エネルギーの使用も 0.6％から 5.4％に上昇した。また、最終エネルギーの消費量そのものも減少する。故に、硫黄税は最終エネルギー消費量の低減や、その中でも SO_2 を排出する石炭の消費量を減少させるなど、エネルギー消費構造の改善に寄与できる。さらに、硫黄税の導入は石炭使用量を減少させることに伴って CO_2 の排出量も減少させる。その割合は税率を増加させると大きくなる。このように、硫黄税の導入により、付随的に CO_2 の削減にも寄与することがわかる。

ⓑ 炭素税導入効果　炭素税を課すことは、CO_2 の削減に大きな効果があるだけではなく、酸性雨の主要な原因となる SO_2 と NO_x に対しても削減効果がある。それと同時に、石炭の消費は大幅に減少し、カロリー当りの CO_2 排出量の少

ない天然ガスの消費が大幅に増大する。

本節では、エネルギーシステムに関する最適化評価ツールの概要について紹介し、日中韓の3ヵ国を対象としたパイロット・モデルの調査事例を紹介した。その結果、硫黄税や炭素税等、それぞれの「目的」を達成する「目的税」の政策実施により、その導入が「目的」以外の大きなコベネフィット効果をもたらすことが見出せることがわかる。

3.3 都市・農村連携とエネルギー・資源システムの最適化

世界各国が提案した温室効果ガス(GHG)排出量の削減政策を概観すると、主なCO_2排出源とされる「エネルギーシステムの革新」が中期・長期シナリオにおける中心的役割として期待されている。しかし、マクロ戦略を実現するために国全体を含むグローバルな考え方は必要であるが、政策を実行するローカル地域の動きも無視することはできない。その理由は、地域低炭素社会を実現するためには、地域特性(土地利用、自然資源、気候条件等)を十分考慮しなければならないからである。現実には「低炭素社会の実現」という同じ目標を掲げていても、技術や制度等の実現手法は地域ごとに異なる。現在、世界の多くのローカル地域は、それぞれの低炭素社会に向けた中期・長期目標と行動プランを提出しているが、ローカル地域の主な構成体としての都市部と農村部は、「低炭素都市」という言葉が世界で広く使われるようにそれぞれ単独に扱った検討が行われてきた。都市部は、人口の集積地であるとともに、生活・生産の集中地区であり、エネルギー需要の最大の地域である。そのため、都市部における低炭素対策の展開はきわめて重要な意味を有する。しかし、資源が限定的な都市部では、主なエネルギー源が化石燃料であり、自然資源を最大限利用した場合においても、CO_2削減のポテンシャルには限界がある[7]。一方、農村部に賦存する多くの炭素を排出しない天然資源はまだ開発されていないという現状がある。

本節では、都市・農村における単独のエネルギーシステムの限界を明らかにしたうえで、エネルギーの地域内循環を創造する都市・農村の有機的連携に基づいたローカル地域の低炭素エネルギーシステムへの展望を示す。

3.3.1 都市・農村連携型エネルギーシステムのイメージ

現在、エネルギー資源の枯渇化や地球環境問題への関心が高まる中、省エネルギー、CO_2排出量の削減等の様々な観点からエネルギー利用の在り方が問われている。このような背景のもと、エネルギーを必要とするその地域内で製造・供給するオンサイトシステムである小規模分散型電源が新しいシステム系として導入されつつある。具体的には、農村部では、林業・農業廃棄物、畜産排泄物等を収集してコジェネレーションシステム(CGS)の燃料とし熱併給発電を実施する。地域の自然条件によって、小型水力や風力発電も導入することができる。一方、都市部では、天然ガスを利用したCGSをベースに太陽光電池やバイオマスを付加して複合エネルギー供給を実現することができる。地域内で発生したバイオマスは、その地域内で利用することが適しているため、バイオマス資源を収集し、ガス化することにより、CGSの燃料として熱電併給を実施することは、通常、容易であると考えられる。また、住宅や商業施設の屋上で太陽光発電を導入することができる(図-Ⅱ.15)。

農村部のエネルギー需要は都市部より小さいため、農村部で発生した電力と熱は地区内で消費するだけでなく、都市部へ余剰分の供給が可能である。このような都市と農村の相互補完をワークショップ等のもとに導き出し、さらに広域的な都市・

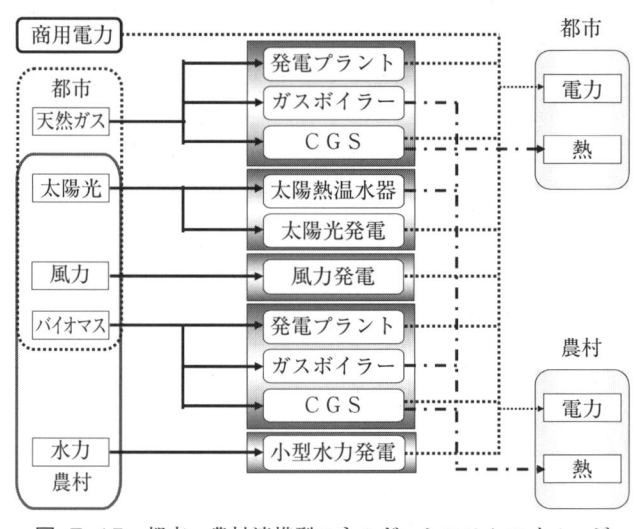

図-Ⅱ.15 都市・農村連携型エネルギーシステムのイメージ

農村エネルギーシステムを構築する。

3.3.2　地域エネルギーシステムの解析モデル

　地域エネルギーシステムを有効に導入するためには、地域条件、エネルギー需要、技術と市場情報を十分に考慮してシステムを構築することが必要である。具体的には、地域における電気・ガス等のエネルギー供給料金システム、デマンドサイドの熱・電力負荷、分散型エネルギー利用の技術情報を整備する必要がある。まず、エネルギーシステムの導入を検討する対象地域の用途や特性から、消費性向や季節変動を解析し、エネルギー需要量を算定する。次に、地域特性や自然エネルギーの特性（賦存量、エネルギー密度の時刻・季節変化）の測定、調査を行う。特に、バイオマスエネルギーを導入する場合、賦存量だけでなく、地域産業の構成、資源化施設の処理能力、輸送能力と輸送費用も考慮する必要がある。そのうえでモデルを実行して最適化を行い、最適な設備構成と設備容量を求める。モデルの目標として、設備コストと運用コストを含んだトータルコストを最小にする。また、エネルギー資源の供給と需要のバランスを考慮するとともに、設備容量、供給内訳およびコストを解析し、複合要素から成り立つエネルギーシステムの運用特性を検討する。解析の対象期間は、計算時間単位を1時間とし、計1年間（8,760時間）としている。

3.3.3　都市・農村連携型エネルギーシステムの効果分析： 中国浙江省湖州市を例に

　上記地域エネルギーシステムの解析モデルを用いて、中国浙江省湖州市を対象とし、エネルギー分野における都市・農村連携の有効性について定量的に検討する。異なる連携主体による影響を考察するため、ベースシナリオ（連携設定なし）とは別に、3つの連携パターンを設定して検討を行う。

　　シナリオ⓪（非連携型）　　比較研究を行うため、ベースシナリオとして設定される。都市部と農村部の電力需要はすべて商用電力（主に火力発電所からの発電）から供給される。熱需要について、都市部は石炭やLPGと都市ガスを燃料としたボイラーより満たす。農村部は主に従来型のバイオマスを利用している。

　　シナリオ①（都市主導型連携）　　都市部は、地域におけるエネルギーセンターであると位置付けられる。天然ガスを利用した発電・熱供給、また熱電併給を主な技術として設定する。また、都市部の建物に設置する屋根型太陽光発電と太

陽熱温水器も併せて設定している。全電力負荷を地域の発電電力のみで処理できない場合には、不足分を商用系統から買電する。この連携型は既に都市化率が高い地域に適用すると考え、全地域は都市型のエネルギーサービスを利用し、都市のライフスタイルへ変換する方が容易である。

シナリオ②（農村主導型連携）　農村部は地域の自然エネルギーを利用し、都市部も含める全地域のエネルギーを供給する。太陽エネルギー以外に、農村部のバイオマス資源は地域の主なエネルギー源として利用される。また、不足分は商用電力とヒートポンプにより補足する。この連携型は農村部が大きな割合を占める地域に適用し、バイオマスエネルギーの利用を中心とするシステムである。

シナリオ③（都市・農村協働型連携）　総合エネルギーシステムの中で、都市部と農村部は対等な役割を果たす。それぞれの地域のバイオマスと太陽エネルギー等の自然エネルギーはできる限り利用する。また、エネルギー供給の安定性を確保するため、天然ガスの利用や商用電力との連携も必要とされる。この連携型は通用的また効率的なシステムであり、適用性が最も広いと考えられる。

前述のシナリオに基づいた解析結果について述べる。一般にCO_2排出量の削減は、初期投資が高い新エネルギーや再生可能エネルギーを導入するため、総エネルギーコストが増加する場合が多く、エネルギーシステム革新の環境メリットを市場経済化する必要がある。そのため、CO_2の排出削減に価格をつける市場メカニズムを活用し、システムの経済性の変化についても考察する。図-Ⅱ.16に示すように、各シナリオにおいて、システムの実行可能性および経済性(年間総コストの削減率を示す)は①〜④の4領域に分けられる。領域①は、システムが優れた経済性を持つことを示す。領域②は、システムに経済性はあるが大きくない。領域③は、CO_2の削減目標が達成できるが、経済性がマイナスとなる。領域④は、CO_2の削減目標が達成できない(実行不可能エリア)。

これらの結果から、次の3点が明らかとなった。第一に、シナリオ①では、CO_2削減率の増加につれ、システムの経済性を示す限界CO_2価格も次第に増加する一方、CO_2価格を10円/kg–CO_2と設定する時に、CO_2の排出削減はより良い経済性を示している。つまり、CO_2価格の導入により、経済性と環境性のWin–Win関係を目指すことも期待できる。第二に、シナリオ②では、領域①(優れた経済性)は大幅に増加したが、実行可能エリアは減少している。第三に、シナリオ③は最も大きな実

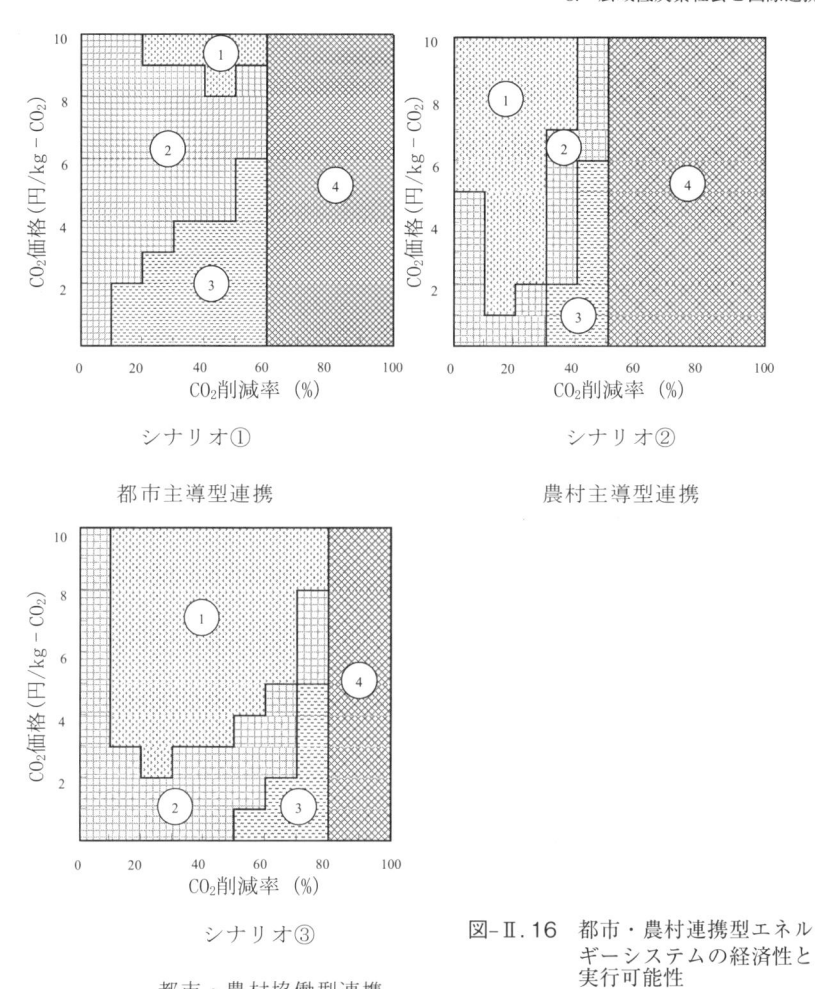

シナリオ①
都市主導型連携

シナリオ②
農村主導型連携

シナリオ③
都市・農村協働型連携

図-Ⅱ.16 都市・農村連携型エネルギーシステムの経済性と実行可能性

行可能領域となり、地域のCO_2排出量が約80%まで削減できるという点である。

削減コストは、CO_2排出量を大幅に削減する主な障害の一つである。連携パターンの違いにより、CO_2削減コストは大きな差がある。削減率10〜50%の領域での最適化結果を見てみると、都市主導型連携(シナリオ①)の削減コストは非連携型よりも高く、ほぼ全領域のコストが「プラス」となる一方、都市・農村協働型(シナリオ③)の削減コストは総じて「マイナス」を示す。さらに、削減率25%までは農村主導型連携(シナリオ②)のコストが最も安価となる。つまり、費用対効果の視点から、

「削減率25%までは農村主導型連携」、「25%～50%までは都市・農村協働型連携」が地域における最適化エネルギーシステムを構築するうえで最も削減コストの低い連携パターンであると考えられる。

また、都市部の資源はかなり限定的であるため、自然エネルギーを最大限に利用したとしても、CO_2 削減のポテンシャルは大きいものではなく、削減コストは高くなる。そのため、シナリオ①では、地域の CO_2 排出量を半減するためには、約5円/kg–CO_2 の削減コストが必要である。その一方で、農村部の自然エネルギーは豊富であり、シナリオ②の場合、CO_2 排出量を約35%まで削減したと仮定しても、エネルギーシステムの総コストはベースシナリオより小さくなる。つまり、CO_2 削減は必ずしも費用増加を伴うということではなく、CO_2 とコストを同時に削減できる組み合せもありうるということである。しかし、CO_2 排出量を50%まで削減する場合、シナリオ②の削減コストはシナリオ①が示すそれを超え、約7円/kg–CO_2 となる。この理由としては、CO_2 削減率の増大により農村部のバイオマス資源がすべて利用され、CO_2 排出量をさらに削減するには、限界削減コストの高い太陽光発電を利用しなければならないためである。一方、シナリオ①の場合、地域の CO_2 排出量を50%まで削減するには、すべての排出削減を天然ガスへの燃料転換で実現せざるを得ない。なお、シナリオ③では、農村部バイオマス、都市部バイオマス、天然ガスと太陽エネルギーのような限界削減コストの低い順に順次導入するようになる。

3.4　広域低炭素社会実現とCDMの活用

広域低炭素社会を実現するには、CDMの仕組みの活用が不可欠であると考えられる。

CDMは途上国が持続可能な開発を実現し、気候変動枠組み条約の究極目的に貢献することを助けるとともに、先進国が温室効果ガス（GHG）の排出削減事業から生じたものとして認証された排出削減量（CER：certified emission reductions）を獲得することを認める制度で、先進国にとって、獲得した削減分を自国の目標達成に利用できると同時に、途上国にとっても投資と技術移転の機会が得られるというメリットがある。

世界銀行の2009年度報告書によると、2008年の世界全体の炭素市場規模は1,263

億USドルに拡大し、2007年の630億USドルをはるかに超え、2005年の108億USドルの約11倍まで増大した。炭素取引量から見れば、2008年は48億tの炭素が市場で取引きされ、2007年の30億tより61％増加し、2005年の7億tより7倍近く増大した。

中国は世界で最大のCO_2排出国であると同時に、世界最大のCDMプロジェクトのホスト国でもある。2010年2月1日現在、CDM理事会での登録済み件数は781件登録で世界一となり、年間CERは全世界の6割を占めている。種類別で見れば、省エネ・効率の向上が全体の61％、新エネルギー・再生可能エネルギーが18％と圧倒的に多いが、CER比率から見れば、HFC-23分解が33％で1位、新エネルギー・再生可能エネルギーは28％で2位、省エネ・効率の向上はわずか9％にとどまり、世界全体の状況と同様、HFC-23の分解と新エネルギー・再生可能エネルギーの分野に集中している。一方、植林は始まったばかりのCDM項目で、今、開発しつつある[8,9]。

中国は2007年以降、急激にホスト国承認件数が増加している。主な承認案件は水力・風力発電をはじめ、再生可能エネルギーのプロジェクトである。中国は大規模案件の潜在性が高く、高い水準での継続的な経済成長等、投資側から見た事業実施のための好条件が揃っている。またCDMプロジェクト運行管理弁法[10]の制定等、中国国内のプロジェクト承認体制も整備されており、アジア諸国の中でもCDMホスト国としての評価は高いといえる。さらに、国家発展改革委員会の承認時の審査基準となるCERのフロア価格が他国のクレジット価格よりも比較的安価であるため、バイヤーにとって最も魅力的な国であるといえる。

インド政府は、CDMプロジェクト承認の際の検討事項として、削減追加性（プロジェクトはGHGの排出削減をもたらすものでなければならない）、資金的追加性（クレジットの購入がODA資金によるものであってはならない）、ベースラインが正確で透明性があり、比較しやすく、実行可能でなければならないなどの点で検討する以外にも、以下のような持続可能な開発適格性基準を満たす必要があると定められている[11]。

① 社会的　　CDMプロジェクトは、雇用機会の増加、社会的不平等の是正、国民の生活の質の向上に資することによって貧困削減をもたらすものでなければならない。

② 経済的　　CDMプロジェクトは、国民のニーズに沿った追加的な投資をも

たらすものでなければならない。
③　環境的　　CDMプロジェクトは、生態系の保護、国民の健康への影響、公害の抑制等、資源の持続可能性と資源減少に対する影響を考慮しなければならない。
④　技術的　　CDMプロジェクトは、技術力の向上をもたらす環境にやさしく堅実な最適技術が移転されなければならない。また、移転された技術は国内にとどまるものでなければならない。

以上の4つの指標に当てはまるならば、インド政府は該当CDMプロジェクトがインドの持続可能な開発に寄与していると判断する。

以上のように、CDMプロジェクトは、まず開発途上国においてはホスト国承認手続において「持続可能な開発に関する基準」(Sustainable Development Criteria) を通じて持続可能な開発のためにCDMを活用することを目指している。しかし、ホスト国の基準は、基本的には環境社会配慮の観点からマイナスの影響を与えるプロジェクト活動を避けるためにしか機能せず、積極的に持続可能な開発に資するプロジェクトを促進する政策措置としては機能していないという指摘もある。

一方、CDMは実施して以来、資金提供・技術移転等の仕組みそのものが大いに変化してきている。CDMは従来、先進国が途上国に対して投資や技術移転等をしながらGHGを削減する事業として制度設計が進められてきた。ところが、2004年、先進国側からの資金と技術を受けずに、途上国側が独自に進めたGHG削減事業がCDMとして国連に申請された。これを受けて、先進国が関与しない事業をCDMとして認め、排出権を発行してよいものかどうか議論され、国連でCDMを管理するCDM理事会が検討した結果、2005年2月にCDMとして認めることになった。これはいわゆるユニラテラル(unilateral) CDMのことである。

途上国としては、従来型CDMの資金と技術移転が行われることでCDMプロジェクトが実行されるのが一番望ましいが、大量のクレジットを獲得できる従来型CDMのポテンシャルの減少と、事業審査の強化により登録期間が長期化し登録リスクが増大したことの2つの大きな要因で、投資側が事業投資を見送る傾向が出ている。そして、途上国からは従来型CDMが途上国の持続可能な開発にはあまり寄与していないという指摘がある。以上の理由で、2005年11月にユニラテラルCDMとして初めて登録されてから、登録件数が増加し、2008年6月20日現在の半数弱を占めている。登録件数と削減量の割合推移からわかるように、従来型

CDMからユニラテラルCDMへシフトしていることがわかる。ユニラテラルCDMが既に大きな役割を果たしているのが明らかになった[8,9]。

また、開発途上国の開発を促進し、同時に温暖化対策を行うことのできるコベネフィット型CDM[12]も各国が取り組んでいる。「コベネフィット」(相乗便益)とは、途上国の開発ニーズと、地球温暖化防止を行うニーズとの両方を意識し、単一の活動から異なる2つの便益を同時に引き出すことを定義している。「コベネフィット型CDM」とは、GHGの削減とクレジットからの収入に加え、省エネや大気汚染の改善といった開発ニーズとして掲げられる課題の解決をも行うことを目指すものである。コベネフィット型CDMは開発ニーズの充足を促進しながら地球温暖化対策への支援を行うことにより、開発途上国が、主体性を高めながらより積極的な取組みを促進することが期待される。また途上国にとっては、このような温暖化対策を行うことが開発促進への新たな機会となりえるため、温暖化対策の支援を行う先進国にも、開発推進を行う途上国にとっても互恵補完的なアプローチ(Win–Win approach)である。

これまでの取組みの一つとして、1999年に行われた「CDMによる途上国のCO_2削減以外の波及効果に関する調査研究プロジェクト」[新エネルギー・産業総合開発機構(NEDO)委託・財団法人地球環境産業研究機構(RITE)優秀研究企画、研究代表者：周瑋生[13]]を紹介する。このプロジェクトでは、CDMが成功するためには双方の国が利益を共有化できる、特に途上国にCO_2削減以外に経済効率性の向上や地域環境負荷の低減等の総合的効果をもたらすようなプロジェクトの実施と制度設計が最も重要であると指摘し、日中共同研究チームを結成し、エネルギー分野(火力発電、炭層ガス開発等)、および砂漠緑化を対象とした現地調査等を通じて、CDMにより途上国にもたらされる総合効果(CO_2削減効果＋コベネフィット効果)をシステム的に統合分析し、CDMの制度設計およびプロジェクト選定等について提言を行った。しかし、現状においてはCDMの制度上、削減されたGHGのみに評価がなされる仕組みになっていることから、一般にはプロジェクトを実施する先進国(投資国)や発展途上国の民間事業者は、費用対効果の高いプロジェクトを志向し、可能な限り低いコストで膨大なGHG削減効果を得られるプロジェクトをより多く実施するようになっている。結果として、CDMの国際制度が設計された際に期待された他の便益(発展途上国の持続可能な開発に資すること)は期待されたほど実現していないとの指摘がある。コベネフィット型CDMの実施促進支援によ

り、発電や省エネのような環境汚染対策という切り口で計画されるようになり始め、環境保全事業としての費用対効果の向上支援にも繋がるものと期待されている。

今までのCDM契約は、京都議定書に基づき、有効期間が2008年から2012年にわたるものが多い。昨年のCOP15で2012年以降に関して詳細で有力な削減規制が示されなかったことを受け、2013年以降のCDMクレジットの有効性等の懸念が多く抱かれる中、世界の炭素取引量の7割を占めるEUは、2012～2020年の間、CERの購買を中止する方向に進んでいるという。これは、現在のプロジェクトのリターン確保、および将来のCDM事業の行方を不透明なものにし、途上国からは不安の声が多く聞こえてくる。

京都議定書は2008年から2012年までを第1約束期間とし、その後も第2、第3約束期間と継続することを前提として採択されたものである。第1約束期間が終了したからといって失効するものではない。その第2約束期間、すなわち、2013年以降の枠組についての交渉が、京都議定書のもとに特別作業部会（AWG）が設置されて開始している。このように、2013年で京都議定書は当然に終了するものではなく、第2約束期間がスタートするだけであり、第2約束期間は京都議定書のトラック（軌道）の拡充が基本となり、議定書は長期的に有効な法的文書であることを堅持すべきである。そこで、ポスト京都の課題として、交渉の基礎となる合意形成、中期削減目標、測定・報告・検証可能性、長期目標と資金問題等が挙げられる。

地球温暖化問題を解決するためには国境を越えた広域低炭素社会の構築が必須であり、そのための「東アジア低炭素共同体」構想が提案されている[14]。この構想の実現には、「互恵補完＋コベネフィット＋市場原理」に収束できるCDMの仕組みの活用が不可欠であると考えられる。今後は、プロジェクトベース型CDMからプログラムベース型CDMへと、さらに国際低炭素モデル地域の構築等、地域の国際連携をベースにしたCDM（地域連携型CDM）へと発展していくべきであると考えられる。先進国と途上国を繋げるCDMは、気候変動の不確実性と社会の持続可能性から、ポスト京都においても発展的に継続すべきメカニズムであると考えられる。

3.5　国際資源循環と広域低炭素社会

本節では、国際間の循環型社会と低炭素社会の融合による新たな広域低炭素社会を構築する価値があること、構築方法としてCDM（クリーン開発メカニズム）が成

立する可能性を古紙と廃冷蔵庫の国際間の資源循環を事例として紹介する。

3.5.1 古紙の国際資源循環と広域低炭素社会

日本の古紙問題は、1985年以降のバブル経済で膨らんだ消費経済と、IT化によるオフィス用紙の増加に端を発し、1980年代後半にごみ処分場の逼迫から、大きな社会問題(紙ごみ問題)となった。これをきっかけに自治体や市民、企業が紙ごみ問題に関心を持ち、古紙の集団回収、古紙配合率の高い再生紙の開発と積極的な購入等のリサイクル活動が活発化した。これらの活動が功を奏し、古紙の供給と需要のバランスがとれた状態が数年続いた。民間の古紙回収車が、トイレットペーパーと引き換えに古紙を引き取っていた時代がこの期間に当たる。ところが古紙回収量が増加し、再生紙用の古紙需要を上回ったため、古紙余り問題に変化する。余剰古紙は古紙の市況価格を下落させ、古紙回収業者の経営を圧迫し、廃業する業者も出るなど、循環型社会の静脈産業の存続を危ういものにした。古紙回収業者が回収しなくなった余剰古紙は地方自治体が回収したものの、処分に困り焼却する自治体も現れた。ところが数年続いた古紙余り問題は、1998年、一転して解消し、2001年度以降は逆に古紙不足問題へと劇的変化を遂げた。ある新聞社は、新聞用古紙が不足するかもしれないと先行き懸念を報道したほどである。古紙不足問題は、旺盛な経済発展に伴う中国からの大量購入が主な要因である。中国への古紙輸出は、引取り手のない余剰古紙を焼却処理していた自治体の古紙余り問題の解決策となり、日本の古紙循環システムが復活した。ごみ減量のため、自治体が町内会や子供会に補助金を出してまで回収した古紙を、古紙回収業者が無断で持ち帰るのを防止するための条例を作る自治体も現れた。2009年には日本の古紙の23.5％に相当する約491万t/年が輸出され、うち中国向けが421万t/年で84％を占めている。

古紙輸出は、輸送に余分な重油を使いCO_2排出量が増加するので、国内で利用する方が良いと主張する人もいた。実際にCO_2排出量が増加するかどうかを検証するため、LCA（ライフサイクルアセスメント）で計算したところ、古紙を中国へ輸出することにより輸送に余分なCO_2排出量が増加するが、日本で古紙を利用するより中国で日本の古紙を利用する方が日中合計ではCO_2排出量が少ないことがわかった[15]。LCAとは、原材料から製品を作り、廃棄するまでのライフサイクルのCO_2排出量を計算する環境影響評価法のことである。検証方法を図-Ⅱ.17に示す。

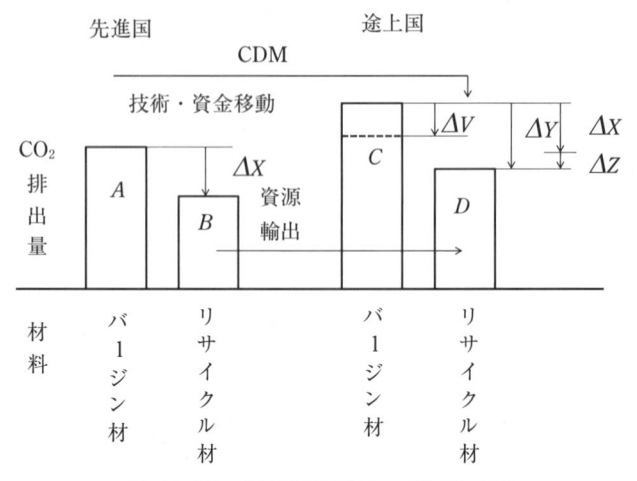

第Ⅱ部　都市・農村連携による低炭素社会構築の可能性

図-Ⅱ.17　広域低炭素社会の評価模式図

日本（先進国）でリサイクルすれば ΔX の CO_2 排出量が削減でき、中国（途上国）でリサイクルすれば ΔY の CO_2 排出量が削減できるものとする。$\Delta Y - \Delta X = \Delta Z$ がプラスであれば、日本でリサイクルするよりも中国でリサイクルする方が、地球全体で見れば CO_2 排出量が少ないことになる。

日本で紙を作る際に排出される CO_2 排出量を LCA で評価した研究結果がある[16]。紙のライフサイクルを、製紙原料別に植林、チップ製造、チップ輸送、パルプ製造、古紙回収、DIP 製造、紙製造、製品輸送、廃棄の工程に分類し、工程別の CO_2 排出量を計算し評価している。評価結果は、紙 1 t を生産する時に排出される CO_2 排出量は、木材バージンパルプだけで作られた紙（古紙配合率 0％）を作る場合は 1.21 CO_2-t、古紙配合率 25％の紙を作る場合は 1.56 CO_2-t、サトウキビやトウモロコシの茎・葉等の非木材繊維から紙を作る場合は 1.38 CO_2-t であった。古紙配合紙を作る方が、木材バージンパルプから作るよりも CO_2 の排出量が多い。古紙には DIP 製造（印刷用インキを除去する脱墨）工程があり、脱墨に化石燃料を多く使用するためである。図-Ⅱ.17 では、通常のリサイクルは $A > B$ であるが、古紙の場合は $A < B$ となる。

日本では非木材繊維紙の生産量比率は 0.2％であるが、中国は農業大国であり、1998 年の文献では製紙原料の 87％が非木材繊維であった（参考：パキスタン 100％、ベネズエラ 77％、タイ 73％、ベトナム 56％、インド 49％）。

農業廃棄物利用の視点から非木材繊維は推奨されるが、地球温暖化防止の面から木材パルプに比べて不利な位置にある。

この計算結果をもとに、日本と中国の製紙原料別のCO_2排出量を比較する。中国は日本と比べ、同じ古紙を原料としてもCO_2排出量は多い。中国のエネルギー構成は、日本と比較し石炭エネルギーのウエイトが高く、CO_2排出量原単位は約1.6倍でありCO_2排出量が大きいからである。中国で非木材繊維紙を作る場合のCO_2排出量は2.14 CO_2-t、古紙配合紙を作る場合は2.46 CO_2-tである。図-Ⅱ.17では、通常のリサイクルは$C > D$であるが、古紙の場合は$C < D$となる。

日本では中国への古紙輸出量相当分の木材パルプ使用量が増加するが、古紙の脱墨工程がなくなるため、日本のCO_2排出量は少なくなる。

中国では、輸入古紙を原料とする古紙配合紙生産量相当の非木材繊維紙生産量が減少するものとする。日中各国で紙1tを生産する時に排出されるCO_2排出量変化算出式は、次式で表される。

日本の排出量変化　　$\Delta X = $ 木材紙 A − 古紙配合紙 B

中国の排出量変化　　$\Delta Y = $ 非木材繊維紙 C − 輸入古紙配合紙 D

日中合計排出量変化　$\Delta Z = $ 日本の排出量変化 ΔX − 中国の排出量変化 ΔY

　　　　　　　　　　　= 日本（木材紙 − 古紙配合紙）− 中国（非木材繊維紙 − 輸入古紙配合紙）

　　　　　　　　　　　= (1.21 − 1.56) − (2.14 − 2.46) = (− 0.35) − (− 0.32) = − 0.03 CO_2-t

日中合計すると紙生産1t当たり0.03 CO_2-tのCO_2排出量が減少する。中国への古紙輸出量を412万t（2009年）とすると、1年間では、

　　　0.03 CO_2-t/t × 412万t = 12.36万 CO_2-t

のCO_2排出量が減少する。石炭火力発電が少なく、エネルギー効率の高い日本で作られた古紙が製紙原料として、非木材繊維が多く、かつ石炭火力発電が多く、エネルギー効率の低い中国で活用されることは、日中合計ではCO_2排出量を押し下げる効果を持つことがわかる。国際資源循環による広域低炭素社会を構築するに値する事例である。

3.5.2　家電リサイクルの国際資源循環と広域低炭素社会

日本では家電リサイクル法が2001年に施行され、冷蔵庫、洗濯機、エアコン、テレビの4家電製品のリサイクルが始まった。1995年の円高を契機として、日本の家電メーカーが海外生産を進めた結果、日本への逆輸入品台数比率は、ブラウン

管テレビは100％、冷蔵庫は60％を超えるまでになった。生産は海外で、リサイクルは日本でという変則的な関係が家電リサイクル法の制定によりスタートした。

日本の冷蔵庫の再資源化率（回収された廃冷蔵庫総重量のうちリサイクル材料として無償または有償引取りされる重量の比率）は75％である（2009年）。本来、枯渇性資源を有効活用するためには、銅は銅として再資源化するべきであるが、日本は大型破砕機を用いるため、鉄、銅、アルミニウムを完全分離できず、鉄、銅、アルミニウムの混合金属が鉄・非鉄再生資源総重量の23％を占めている。

銅は銅に戻すことを再資源化率として再定義すると、日本の冷蔵庫リサイクルでは銅の再資源化率は42.5％、アルミニウムは40％にとどまっている。混合金属は重機の錘としての用途があり、有償引取りされているため見かけの再資源化率を押し上げているに過ぎない。中国は農村からの出稼ぎ労働者によるきめ細かな手分解により、銅、アルミニウムの再資源化率は共に90％ときわめて高い。その結果、廃冷蔵庫全体の再資源化率も75％となっている。中国と同一基準の再資源化率で日本の廃冷蔵庫の再資源化率を評価すると63％に過ぎず、中国と比べ12％も少ない。

世界全体の銅の静態的可採年数は27年（2000年基準）であり、現在の世界の銅の再資源化率20％を90％に向上することにより、可採年数を50年に延ばすことができるとの試算がある。そのためにも日中間の銅、アルミニウムの再資源工程の分業が必要である。

冷蔵庫は鉄、非鉄金属（モーター、電線の銅、熱交換器のアルミ等）、プラスチック等で構成されている。日本でリサイクルするのではなく、生産の多くを担っている中国でリサイクルすればCO_2排出量はどのように変化するかを3つのモデルで比較した。

モデル①は、日本国内だけでリサイクルする現状のリサイクルモデルで、これを基準モデルとしてCO_2排出削減量を計算した。廃冷蔵庫本体を中国に輸出し、中国でリサイクルするモデルも考えられるが、中国はバーゼル条約（有害廃棄物の輸出入を禁じる条約）で、廃冷蔵庫本体および部品の輸入を禁じており、廃冷蔵庫本体輸出モデルは考えないものとした。リサイクル過程で環境を配慮しない零細リサイクル業者により不適正なリサイクルが行われた結果、環境汚染問題が発生し、中国政府は廃家電製品を有害物質に指定し輸入を禁止している。

モデル②は、廃冷蔵庫本体からコンプレッサー、モーター、熱交換器等の銅とアルミを多く含む部品だけを取り外し、日本で手分解によりリサイクルするモデルで

3. 広域低炭素社会と国際連携

ある。日本では手分解は人件費がかかるので、特殊なケースを除き実施されていない仮想のモデルである。

中国への廃家電部品輸出は、公営リサイクル団地等の環境汚染防止対策が施された工場でリサイクルするのであれば輸出可能であり、実際に一部の日本のリサイクル工場が輸出している。これをモデル③とした。

内容積 400 L の冷蔵庫を例にとり、モデル別に CO_2 排出削減量を LCA で計算した。モデル①は基準であり、0 である。モデル②は、日本で部品を手分解でリサイクルする仮想モデルで、1 台当り 38 CO_2-kg が削減され、モデル③は、中国で手分解するモデルで、81 CO_2-kg が削減された[17]。

京都議定書では先進国から途上国への CO_2 削減技術とシステムの移転を促進するため、途上国で削減された CO_2 を先進国にクレジットとして売却でき、かつ先進国で削減したとみなす CDM（クリーン開発メカニズム）制度が設けられている。ここで紹介する廃冷蔵庫部品の国際分業リサイクルシステム、すなわち国際資源循環はあたかも CDM を実施したのと同じ効果を持っていることがわかる。日本では毎年 400 万台の冷蔵庫が廃棄される。もし、そのうち 200 万台の 400 L の廃冷蔵庫部品を中国でリサイクルすると、モデル③が適用され、81 CO_2-kg = 0.081 CO_2-t とすると、

0.081 CO_2-t/1 台 × 200 万台 =16.2 万 CO_2-t

の CO_2 が削減できる潜在能力（ポテンシャル）を持っていることになる。

図-Ⅱ.17 は国際資源循環による広域低炭素社会を評価する模式図であるとともに、CDM の原理を表している。廃冷蔵庫部品の中国でのリサイクルが広域低炭素社会に貢献する要因は、中国は銅、アルミニウムの再資源化率が高いこと、石炭火力発電が多いこと、エネルギー効率が低いことなどが要因である。

3.4.1 では古紙、3.4.2 では廃冷蔵庫を事例として、日中合計の CO_2 排出量 ΔZ がマイナスになるケースがあることを示し、東アジア低炭素共同体構想を実現するための、日中間の国際資源循環による CDM 制度設計の実現可能性を紹介した。

3.6 「国際互恵」と広域低炭素社会

広域低炭素社会の実現にあたっては、エネルギーや資源使用の効率を最適なものとするだけでなく、単一の国家にとどまることのない、「国家間の連携」が必要とな

る。だが、現実の国家間の連携というものを考えれば、ある種の「ギブ・アンド・テイク」関係のように、互いが利益を得ていくことが必須の条件となることはいうまでもない。ある主体が別の主体と連携を行う時、そこには何らかの利益が発生している。利益の形やそれが得られる時期等の問題はあるが、現実に何も結果を得ることがないない連携の実現を望むことは難しい。このような理由から、国家間の互恵関係というものを考えていくための前提となる理論が必要とされるということである。そして、このような国際的な互恵関係を示す「国際互恵」という考え方が近年では多用されるようになってきた。特に、日本と中国の関係を考えるうえで、この語の社会における市民権は毎年、大きくなりつつあるといっても過言ではない。

　そこで本節では、広域低炭素社会の構築が模索される中で、日中を中心に国家間の連携が模索されつつある「国際互恵」という語を、社会科学の理論的側面から１つの概念として考える。広域低炭素社会づくりの中で実際に展開されている国家間の様々な連携を考える時、現実には、工学等に代表される理工系の知識や方法が低炭素化に大きく貢献することはいうまでもない。だが、社会科学から国際互恵という概念を通じて広域低炭素社会づくりを考えることは、様々な領域において展開される個別の活動を束ねていく規範や手続きのルールを作ることに貢献するという点で価値のある行為である。そのためにはまず、この概念が求められるようになった社会のニーズを分析するため、概念整理を中心とした作業を展開する必要がある。

　そもそも、国際互恵という概念が注目を浴びるようになった背景には、今日の日中関係を表現した「戦略的互恵関係」という語の存在が大きい。この語は、2006年に当時の安倍晋三首相が示し、その後の2008年に当時の福田康夫首相と中国の胡錦涛国家主席による「『戦略的互恵関係』の包括的推進に関する日中共同声明」によって国家間の互恵関係を意味する重要な概念として市民権を得た。

　このような背景には、次のような３段階の日中関係の変化も作用しているといえる。第一の変化は、1972年９月の日中間の国交正常化による２国間関係の有効化であり、第二の変化は、1998年11月の共同宣言による友好関係から東アジア地域の安全保障と経済発展への拡大への関係変化である。第三の変化は、2007年度末の分野包括的な共通の戦略的利益に立脚した協力という、「戦略的互恵関係」の構築である。それは、単なる国家間の連携関係だけではない、一定の利益を伴う関係を作っていくという点で、一定の合意形成の象徴となる概念を共同で打ち立てたという意味を持っている。

そして、そのような背景を持つ「戦略的互恵関係」は、これを現実に用いている外務省によれば、「日中両国がアジア及び世界に対して厳粛な責任を負うとの認識の下、アジア及び世界に共に貢献する中で、お互い利益を得て共通利益を拡大し、日中関係を発展させること」[18]と定義される。それは、戦略的互恵関係とは、日中の連携に関する広い意味での合意形成を具現化させた概念である。

それでは、上記のような背景を持つ戦略的互恵関係と本節で扱う国際互恵という2つの概念が、なぜ深い関係を持っているのかということを考えてみたい。この点については、先行研究の確認から大きく次のような特性を指摘できると考えられる。それは、これらの2つの概念が共に「東アジア」という地域に主眼を置いているという点である。戦略的互恵関係は、2006年10月からの日中の政策対話プロセスの急速な進展から生まれた概念である。これに対して、国際互恵は東アジア圏の開発や国際関係等の議論[*2]から発生した概念である。どちらの概念も、東アジアにおける発展や安定を建設的なものとしていくための協働作業として国家間関係を捉えていくことを考えており、複雑な協調と配慮が求められているこの地域に互恵関係を構築し、その中で課題解決を行うという点では同じ意味を持っていると考えられる。

しかし、両方の概念に共通していることは、国家間の政策対話や開発等のプロセスの中から発生した議論が故に、言葉が先に生まれ、明確な定義等が後天的に付随するという難しい特性を有しているということである。少なくとも、戦略的互恵関係については2国間の政治関係の鍵となる概念として、定義も行われるようになったが、国際互恵については学問的な文脈においてその定義を明確に示した先行研究を筆者は確認し得ない。

それ故に、国家間連携としての「国際互恵」というものが広域低炭素社会の実現に求められるようになった社会的な必然性を考察するため、複雑なプロセスの糸が絡まり合った状況を整理し、その要点を明らかにしていくことが必要とされるのである。特に、このような作業には概念整理が重要な役割を果たし、それは社会科学の知識と方法が最も得意としてきた方法であるといえる。そして、そのような研究によって国家の枠を越え、共通の戦略的利益に立脚した互恵関係をまとめ上げる概念

---

*2 国際互恵の先行研究と位置付けられるものは僅かにとどまる。代表的なものとしては、(1)成島道官：自立・互恵・共生のアジア圏へ、183、木鐸社、1999、(2)関山健他編：量の中国、質の日本：戦略的互恵関係への8つの提言、183、東京財団、2008、等を挙げることができる。

の形を作り上げることは、技術を中心に理工学系の知識と方法が主体となった「低炭素」をキーワードとする取組みにおいて、社会科学が協働していくためのひとつの手がかりとなりうると考えられる。

このような問題意識から国際互恵という概念を改めて考えた時、まずもって重要な手がかりは、そこに含まれている「互恵」という語に求められる。そもそも、国際互恵における「国際」とは、「諸国家・国民間の交際とその関係」と定義できる。だが、この語に「互いに特別の便宜や利益を授受する」という意味を持つ「互恵」という語が加わってこそ、関係を作るきっかけが得られるのである。そして、この語は概念としての歴史を見る限りでは、社会関係資本論と呼ばれる分野を中心に、発展を遂げてきた。この点については、欧米とアジアの価値観の相違点等の指摘はあるだろうが、これまでの互恵に関する学問的な取組みの成果は、十分に参照をする価値がある。

自然資本や経済資本とは異なり、社会における関係を資本と捉えるこの分野には、様々な先行研究がある。だが、その基本的論理は、「社会的関係＝社会ネットワークへの投資行為による、何らかのリターンの取得という過程」[19]という点で共通している。この基本的論理が持つ特徴は、この理論の代表的存在でもあるロバート・パットナム理論[20]における「一般化された互恵性」から説明ができる。パットナムは、一般化された互恵性が利己心と連帯を調和するのに役立つと主張し、そこにおいて行われる社会的関係への多様な投資行為が、短期的には当事者のコスト負担と他者の利益を生むが、全体としては当事者全員の効用を高めるという特性に着目する。

すなわち、現在では不均衡な交換でも将来の均衡がとれるとの相互期待に基づく双方向の投資プロセスを、「相手を信頼することによって相手からも返礼として信頼し返される」と成員が確信できる共同体が社会関係資本の双方向的な交換を創出する。そして、そのような交換関係の持続は、結果として信頼することによって悪意ある行動を抑制することに繋がるのというのである。因みに、「悪意ある行動の抑制」とは、「社会に強い信頼と機会主義の抑制等をもたらすこと」と表現できる。また、別の表現を用いるならば、大きな社会という場に「埋め込まれている」という共通認識の形成ということができるだろう。

また、上記のような視点は欧州においては、現実の地域経済開発（CED；community economic development）政策に活かされている。欧州のCED政策は1990年代初期に出現したが、その当初から社会関係資本との深い関係が指摘され

ている[21)]。さらに、「調整された諸活動を活発にすることによって社会の効率性を改善できる、信頼、規範、ネットワークといった社会組織の特徴」[22)]である社会関係資本は、CEDの理論的なコアを構成する概念と位置付けられており、具体的には自然・生物資本、その加工資源等の物理的資本や人的資本に対して、補助的な第3の資本と位置付けられている。

そして、上記のような視点に従って、国際互恵概念を社会関係資本論と接合し、定義の方向性を示す作業定義を構築することは、概念整理を進めていくうえで不可欠の作業である。少なくとも、十分な理論としての強度を担保できる保証がないとしても、考察に必要な羅針盤として作業定義を示し、それを改良していくことが国際互恵という概念を科学的な検証に耐えうるものにしていくためには不可欠である。

さて、上記に確認してきた社会的背景や学問的視点から導き出しうる国際互恵概念の基本的な論理は、「信頼、協力、共同行為の基礎となり得る国家間のネットワーク」という意味での「圏域」(sphere)形成という点に求められる。この「圏域の形成」による「関係の創出」という視点の重要性を確認しながら、筆者は次のような暫定的な作業定義を設定したい。

> 「持続可能な圏域構築に必要な国際互恵 (international reciprocity) とは、環境破壊の克服と負荷を減少させるための国家間ネットワーク構築の努力を通して獲得される、技術や多様な経済的要素を中心とした投資行為による、当事者となった国家への何らかのリターンの取得をもたらす、創発的な圏域形成による関係資産である」[23)]。

これは、持続可能な社会を作るために必要な新しい概念的な枠組みの作成である。そして、このような考え方の枠組みを採用することによって、展開する様々な投資行為という事実を、その概念枠の中に整理し、定位させることにより、行為の意味と関係を明確化させることが筆者の狙いである。さらにこれによって、国際互恵における国家間の強い信頼と機会主義の抑制を可能とすることに寄与したいと考えている。

また、広域低炭素社会を構築する必要条件としての国際互恵について考慮すべきことは、本節に挙げた点以外にも多くの課題が存在する。それらの諸点については今後、ますますの検討と理論化が必要であるだけでなく、各国の実情に基づいた政策体系への適応可能性が検討される必要がある。特に、国際互恵概念は、「何を恵むことができるのか」という点が優先されてしまい、短絡的に技術や経済的利益と

直結されてしまうことが多い。そのため、目先の利益に囚われず、「新興国や後進国への先進国の技術移転を最終的に不等価交換とならないものとするための取引枠組み」の構築に繋げていく必要がある。つまり、単一の国家という枠組みを超えた広域低炭素社会を構築するために、国家間の公平なルールによる環境技術と資本の提携関係とそのためのビジネス・ルールの構築に繋げていくということである。そのため、優れた先進国の技術や資本の流入・移転ばかりが問題とされるべきではない、ということを考えない限り、国際互恵概念は長期的に見れば何も互いに恵むことができない概念となりうるリスクを考える必要がある。

　最後に、本節において筆者が試みたことは、国際互恵という概念を通じて低炭素社会の構築指標を「経済的価値観」から異なる指標、特に「関係」という生態的価値観に基づいたものへとシフトさせていくものだったと表現することができる。これは、単一の国家という枠組みを超えた広域低炭素社会においても考えるべき問題である。

　われわれは経済的価値観に基づいた近代化によって、低炭素社会の必要性という課題に直面した。それ故に、近代化を支えてきた経済的指標、特にGDPや消費の伸びを目指した技術や製品等への資産投資だけでなく、国際互恵を考えることによって得られた視点に基づき、近代的な価値観の超克に繋げていく必要があるだろう。具体的には、信頼や互恵等を基本的性格として、自然資源等の生態的な価値観を基盤とした広域低炭素社会の構築と戦略を構築することに繋げていくことが想定される。だが、まずはそのためにも橋頭堡となる理論的な概念整理作業が不可欠である。

3.7　広域低炭素社会と戦略的適応策[24]

　今日の地球環境保全政策において広範に流布されるようになった「低炭素社会」という用語は、日本においては2007年度の環境白書において提唱された。いまや、地球温暖化対策の規範的な政策目標として世界的にも急速に受け入れられた「低炭素社会」は、「循環型社会」、「自然共生社会」と共に、持続可能な社会づくりの重要な統合的取組みとして、「21世紀の環境立国戦略」として位置付けられている[25]。その意味するところは、温室効果ガス濃度の制御と同時に、生活の豊かさを実感するという、持続可能な社会のシステムの在り方の根幹を示している。地球環境保全を目指しながらも、持続的に経済成長・発展する社会を実現することを日本の環境

立国の戦略としている。

　低炭素社会の実現は、地球温暖化対策に加えて、経済、環境、社会の調和が取れた持続可能で活力のある社会を形成していくものである。低炭素社会を実現する技術的方策として、エネルギー消費量の削減を基本としながらも、再生可能エネルギーへの転換，炭素固定の促進等様々な方策が展開されつつある。一方、社会的方策として、カーボンニュートラル、カーボンオフセット、カーボンフットプリント等の斬新なアイデアに基づいた経済制度設計が定着しつつある。環境立国の戦略を実現するためには、日本独自の課題の解決をするだけの問題設定だけでは、そこには自ずから限界が存在する。地球規模の世界的な環境政策とも協調しながら、近隣諸国である中国・韓国等の国際連携により創造的な環境政策フレームが形成されることにより、その実現性が一層高まるであろう。そこに、「広域低炭素社会」の構築の意義を見出すことができる。

　中国浙江省湖州市(人口約260万人)における分散型エネルギーの利用方法とその導入推進策の考察を通じて、都市・農村の地域内連携による「地域低炭素共同体」の可能性を検討した[26]。これまで、通念的に検討されてきた都市・農村連携概念として、急激に発展する大都市の補完的意味合いとしての農村の役割が位置付けられてきた。しかしながら、新たな連携のスタイルとして都市と農村が、それぞれ独自のエネルギー利用システムを構築することにより、新たな都市・農村の連携の可能性を見出すことができるのである。

　この方式や技術は、日本においても、十分に受容できるものである。対象地域の分析結果で示したように、都市・農村連携により、それぞれの個別的地域では構築できなかった「低炭素社会」が「地域低炭素共同体」というより広域的な連携により資源・エネルギーの適正配分により達成される可能性が示された。浙江省湖州市は、いわゆる中国政府が今日重要な農村発展政策として目指しているである「新農村計画」の対象地域であり、上海、杭州、蘇州、南京等の超大都市との連携により、これまでとは異なった「経済発展と低炭素社会」の実現のシナリオを描くことが可能であろう。中国における都市・農村連携は、両方のセクターが共に発展しているという意味で、まさにWin-Winの関係を醸成しやすい環境にある。この点は、現在の日本における都市・農村連携のイメージとは異なっている。日本においては、停滞しつつある都市と衰退しつつある農村の連携により、何かを生み出すことを模索している状況である。そこに、大きな意味合いの違いが存在するとともに、その違い

を認識しながら何らかの日中間の連携の可能性を探ることで新たな展開の方向が見出だせるであろう。

　日本の経済発展・国土保全を目指しつつ、低炭素社会の可能性をさらに展開する方策として、日中両国間の連携による「日中低炭素共同体」、「国際互恵補完型広域低炭素社会モデル」、さらには、日中韓の3国を中軸とした東アジア地域における「東アジア低炭素共同体」の構想について考察する。

　これまで、日中韓の3国の環境大臣会議が1999年から12回実施されてきた。第11回会議においては、2009年から2014年までの協力優先分野として、気候変動(コベネフィット・アプローチ、低炭素社会、緑色成長)も位置づけられている[27]。また、第12回会議においては、小沢環境大臣より東アジア共同体構想の実現に向けて環境分野での協力が中核的な役割を果たすべきこと、日中韓が協力してアジアで低炭素社会(「東アジア低炭素共同体」)、低公害社会，循環型社会を実現すべく連携していきたい旨を申し入れたところ、中国側および韓国側それぞれから賛同が得られ、中長期的に協力を進めていくことで合意された[28]。

　「東アジア低炭素共同体」という地域共通的思考には、サステイナブル社会における目標実現の要素としての「東アジアとの共存」を実現するために、より現実的で、かつ関係各国の合意形成が成り立つ構想が求められる。例えば、日中韓を取り巻く環黄海の経済的・環境的調和を目指す構想として、「アジア一番圏構想」を紹介しよう[29]。「アジア一番圏構想」は、2005年に経済産業省九州経済産業局において検討された構想である。その概要は、次のとおりである。

　　「アジア、とりわけ中国・韓国をはじめとする東アジアは将来的にも高い成長が見込まれ、今後、我が国とこれら東アジアとの交流(ヒト、モノ、カネ、情報等)が一層活発化するものと予想される中で、九州にとって東アジアの活力を経済発展に如何に取り込むかが課題である。5～10年後の将来を見据えた時、東アジアと我が国との一体性の一層の高まりが見込まれ、その際、地理的近接性等を有する九州の担うべき役割が重要となることが考えられ、このため将来を見越した取り組みを始める必要があるのではないか。そこで、九州が我が国の中で最もアジアと交流が盛んな圏域である「アジア一番圏」を目指すという構想を提唱する」。

　この議論の背景には、環黄海という、現実的な経済的利害関係が存在しているとともに、1,000年を超える歴史的・文化的交流の実績がそこには存在するのである。

そして、経済のグローバリゼーションの中で、存在感が乏しくなりつつある日本がより地政的な特徴を強調することにより新たな展望を出そうとしているのである。その中の方策には、環境ビジネス、国際資源循環の発想もあり、「東アジアとの共存」を通じて、「東アジア低炭素共同体」さらには、「広域低炭素社会」の議論の可能性を生み出すのである。

このような，共通認識をさらに深化し，共通の達成目標を明確にすることが重要な課題である．

広域低炭素社会を実現するための戦略的適応策について考察する。地球温暖化対策として、適応策の導入により、環境・社会影響に対処していこうという考え方が受け入れられ、さらに緩和策との最適な結合が模索されつつある。適応策としては、政策的対策、技術的対策、社会的対策等の幅広い対策がある。ここで、模索する日中韓による「広域的低炭素社会」においては、さらに、政治的、制度的、歴史的な背景についても考慮する必要があり、ここに、戦略的という意味を見出すことができる。すなわち、それぞれの国が「広域的低炭素社会」という目標に向かって、地球環境保全・地球温暖化対策という観点で、国際政治関係の変化を認識しながら、適応策の分野や方法を行うという考えである。

「広域低炭素化社会」を実現するための、戦略的適応策の検討課題を列記する。

① 広域低炭素化社会の概念の共通的理解　新しい用語である「広域低炭素社会」に対する概念およびも目指すべき目標についての共通的理解と共に、それぞれの国民の意識の醸成が必要である。その目標が、日中韓政府で政治的、経済的、環境的に共通のイシューになるのかという検証が必要である。

② 広域低炭素社会を実現することの国際的意義と責任　広域的な低炭素社会を実現することの関係諸国の利益と義務についての明確化とともに、共通に努力することの国際的な意義と責任についての認識の共有が必要である。そのためには、地域的な低炭素社会の実現の方策についての見通しとともに、各国それぞれの低炭素社会についてのシナリオを比較研究するとともに、「広域低炭素社会」により解決される課題について明確にすることが求められる。

③ 実現のための国際的・社会的制度設計　「広域低炭素社会」を実現するための制度設計において基本となる条約および国内の法制度の確立が必要である．これまでの酸性雨、黄砂等の越境的な広域汚染のモニタリング・研究・行政対策について検討し、より幅の広い「広域低炭素社会」のための設計指針の作成が

求められる

④ 実現のための技術的・経済的設計　技術的・経済的設計のために必要な情報のデータベースおよび、資金・人材の定量的検討が必要である。これらのデータを基本に、「広域低炭素社会」づくりたのめのシナリオを作成し、それぞれの目標達成のための、費用・人材についてのシミュレーションを年次別に行う。

⑤ 課題の明確化　広域的低炭素社会は、社会経済基盤全般にかかるものであるため、共通の解決課題の明確化が必要である。広域低炭素社会により、現在の状態がどのようになり、個別的対応と比較して、どのような違いがあるかを明確にする。

⑥ 課題解決方法の共通化と解決策の実施手段の推進　課題解決のための技術標準および意思決定ルール、実施手段の明確化が必要である。従来、環境分野においては、酸性雨、黄砂等多くの国際的、特に3ヵ国間の越境的環境問題が議論されてきた。制度設計の段階から、実施さらには人材育成の段階までのプロセスが一貫して実行されることにより前進するものであるが、現実社会においては厳しいものがある。今までの課題は具体的・顕示的な環境問題であったが、「低炭素社会」は、総括的・陰示的な環境問題である。

上記の「広域的低炭素社会」実現のための戦略的適応策の検討課題を精緻化するだけでなく、実現のためのロードマップの作成と共同して取り組む意思と社会的受容と積極的支持が必要である。

文　献

1) 周瑋生：広域低炭素社会実現を目指して：「低炭素共同体」構想の提起、環境技術、Vol.37、No.9、642-646、2008.9。
2) 周瑋生・仲上健一・蘇宣銘・任洪波：「東アジア低炭素共同体」構想の政策フレームと評価モデルの開発、環境技術、Vol.39、536-542。
3) 周瑋生・任洪波・仲上健一：広域低炭素社会に向けた都市と農村連携による国際互恵型エネルギーシステムに関する研究：その1湖州市における分散型エネルギーの導入可能性に関する評価及び導入促進策の解析、政策科学、Vol.16、No.2、17-27、2009。
4) 周瑋生：低炭素共同体の実現で利益共有を、日経エコロジー、100、2010.01。
5) 蘇宣銘・周瑋生・穆海林・仲上健一：「東アジア低炭素共同体」実現のための将来シナリオ構築に関する研究：その1エネルギー・経済統合評価モデル（G-CEEP）の開発とケーススタディ、政策科学、Vol.17、No.2、85-96、2010.2。

3. 広域低炭素社会と国際連携

6) 周瑋生・仲上健一・蘇宣銘・任洪波:「東アジア低炭素共同体」構想の政策フレームと評価モデルの開発、環境技術、Vol.39、536-542。
7) 任洪波・周瑋生・仲上健一:中国都市部における民生部門用分散型エネルギーシステムの最適化、エネルギー資源学会論文誌、2010.1。
8) 地球環境関西フォーラム:中国におけるCDMの実態と持続可能性に関する研究(研究代表者:周瑋生)、2010.3。
9) 張沖・周瑋生:ユニラテラルCDMの持続可能性に関する研究―従来CDMとユニラテラルCDMの比較分析を通じて、政策科学、2010.2。
10) クリーン開発メカニズムプロジェクト運行管理弁法、中国国家発展改革委員会。
11) http://www.nationmaster.com/、2010.10.1。
12) http://www.kyomecha.org/e/pdf/co-benefits3.pdf/、2010.10. 1。
13) 財団法人地球環境産業研究機構(RITE):CDMによる途上国のCO_2削減以外の波及効果に関する調査研究プロジェクト(研究代表者:周瑋生)、1999。
14) 周瑋生・仲上健一・蘇宣銘・任洪波:「東アジア低炭素共同体」構想の政策フレームと評価モデルの開発、環境技術、Vol.39、536-542。
15) 小泉義茂他:古紙輸出の経済的評価と環境影響評価、政策科学、Vol.11、No.2、35-44、2004.1。
16) 桂徹:紙パルプ産業におけるLCAの在り方、紙パ技協誌、10-17、2001.10。
17) 小泉義茂他:冷蔵庫を事例とした日中間のグローバルリサイクルシステムの環境影響評価、政策科学、Vol.13、No.1、43-52、2005.10。
18) 外務省:中華人民共和国、URL: http://www.mofa.go.jp/mofaj/area/china/data.html、参照:2010.10.01。
19) 金光淳:社会ネットワーク分析の基礎;社会的関係資本論にむけて、239、勁草書房、2003。
20) Robert D.Putnam with Robert Leonardi and Raffaella Y. Nanetti: *Making democracy work: civic traditions in modern Italy*, ⅹⅴ, 258, Princeton, N.J, Princeton University Press, 1993(河田潤一訳:哲学する民主主義;伝統と改革の市民的構造、叢書「世界認識の最前線」、318、NTT出版、2001。
21) H. アームストロング、原勲編著:互恵と自立の地域政策;CEDの可能性、55-56、文眞堂、2005。
22) 文献20)、206-207。
23) 加藤久明:国家間連携としての「国際互恵」;持続可能な圏域構築に必要とされる社会関係資本構築に向けて、API Working Paper、Vol.3・4合併号、43-51、2009。
24) 周瑋生・仲上健一・蘇宣銘・任洪波:「東アジア低炭素共同体」構想の政策フレームと評価モデルの開発、環境技術、Vol.39、No.9、2010.9。
25) 環境省:21世紀の環境立国戦略、2009.19.6.1。
26) 任洪波・小泉國茂・周瑋生・仲上健一・加藤久明:都市農村連携による分散型エネルギーシステムと国際資源、環境技術、Vol.39、No.9、2010.9。
27) 環境省報道資料、第11回日中韓三ヵ国環境大臣会合(TEMM11)の結果について(お知らせ)、2009.6.14。
28) 第12回日中韓三ヵ国環境大臣会合(TEMM12)の結果について、http://www.env.go.jp/press/press.php?serial=12525(2010.6.21日アクセス)、2010.5.23。
29) 九州経済活性化懇談会・九州経済産業局:「アジア一番圏」の実現に向けて:アジアワイドでの九州経済活性化に向けた戦略、2005.17.5。

第Ⅲ部　都市・農村連携と低炭素社会のエコデザイン

1. 地球的環境容量に応じた持続可能性と地域自立への道

1.1 地球の容量限界：環境容量の視点を再考する

1.1.1 グローバリゼーション

　われわれは、近代という人類史上きわめて特異な時代に生きています。長い人類史の中でわずか300年ぐらいしかない、世界人口が数億人から百億人前後まで一挙に増えて、その行く先がきわめて不明な特殊な化石エネルギー駆動の時代の、真中に生きています。それを、長期に続く普遍と勘違いしているところに現代の悲劇がありそうです。

　現象的には「文明の大都市化」がその動きを主導してきました。財貨を獲得するのが最も容易なのが大都市であることが原因です。現代社会では金が唯一の活動指標になっており、情報化、金融経済化、最終的には実質経済がなくて、実質でない経済は何かよくわかりませんが、金融工学などが主導して金だけが動くような時代まで来て、そしてそれが大破綻を見せ始めたのです。近代の終わりに来たのだと思います。そして、それが世界へと拡大化いたしました。

　「グローバリゼーション」という言葉があります。20世紀までの200年がほどで、植民地であった国々と植民地を作った国々が、成長領域と成熟領域に分かれて現在の世界を作っています。成熟した国々では人口も増えませんし、経済も大成長しませんけれども、現時点で近代化しつつあり大成長している国々の高度成長の余禄に

あずかろうとしているのが昨今のグローバリゼーションの実態だと思います。グローバリゼーションの現在は、成長飽和した近代の先進国を追って途上国が近代化を急速に進め、とどのつまり地球が総じて成長飽和になるまでの過程であると思われます。お互いに持ちつ持たれつでありながら、自分の利益を何とか確保したいという願望を持ち、それぞれが自己運動を実施しているのが現状です。だからこそ、南北問題が依然としてあり続けるのです。

1.1.2　地球生態系と経済を駆動するエネルギー

　地球は活動の全エネルギーを太陽から貰います。地球はすべて太陽エネルギーで動いている『系』であり、17万TW余のエネルギーを貰っています。そして、地球に入ったエネルギーはすべて再び、宇宙空間へ廃熱として捨てられます。ですから、地球はエネルギー的には中立の『系』で、クローズドシステム（閉鎖循環系）です。クローズドシステムでは、『系内』（地球内）で物質は回りますが、エネルギーは『系』（地球）を突き抜けていってしまいます。地球から17万TW余が廃熱になって宇宙空間へ再び出ていきます。

　地球を通過するエネルギー量は、入る時も出る時も同じですが、入出力時の質が大きく違います。「エントロピー」という言葉を聞いたことがあると思います。いろいろな表現、意味内容を持った大変重要な概念で、熱力学の第二法則から説明されます。ここでは簡単にエネルギーの質を示す指標としておきましょう。エントロピー E の一つの表現が $E = Q / T$ で（Q：エネルギー強度、T：絶対温度K）で、地球システムで言えば、入射の温度6,000 K、宇宙への再放射の温度300 Kぐらいですから、太陽放射を受けての地球の入・出のエントロピーは、$Q/6,000$ と $Q/300$ で、20倍も大きな値になって廃熱として地球を出ていきます。地球に入った質の高い（エントロピーの小さな）太陽エネルギーは、放っておけばどんどんと秩序の乱れる（熱力学の第二法則）地球系に梃入れをして、地球の秩序を保ち、その代わり太陽エネルギー自体は消耗して質の悪い（エントロピーの大きな）廃熱となって宇宙空間に捨てられると考えられます。

　太陽から地球に降り注ぐ総エネルギーの3分の1ぐらいは地球の表面で反射して宇宙に返ってしまいます。このような反射率を「アルベード」と言い、平均して30%ぐらいの値をとります。地球表面の氷や雪や雲では90%近くも反射します。

　最終的に、地表に入ってきたエネルギーは、地球の放射によって再び宇宙空間に

出ていくのですが、出ていく時に大気圏を構成する温室効果ガスによって再び一部が地上に再放射されて地表に戻り地球をもう少し温めます。もし地球の表面に温室効果ガスがなければ、地球表面の温度は現在の 290 K（17℃ほど）ではなくて 265 K（−8℃ほど）くらいになるようです。一番影響が大きい温室効果ガスは水蒸気で、その次が二酸化炭素、メタン、それから二酸化窒素になります。地球は温室効果ガスの衣があったからこそ、水の惑星として温暖な生態系を持つことができるようになったわけです。

地球に入った太陽エネルギーを最大に消費する部分は、地球上で風を起こしたり、海流を起こしたり、ジェット気流を出したりする気象・気候要素の水・熱の移動を伴う現象です。すべて水蒸気の輸送や相変換を伴う現象です。

人間は偉そうに威張っていますが、他の動物全般と同様に、太陽エネルギーを直接固定する能力を持っていません。一度植物が固定したものを利用させてもらっています。植物が固定するバイオマスは地球全体で、150 TW ほどです。入ってくる太陽エネルギー 17 万 7,000 TW の 0.1% にも満たない大きさです。われわれ人間や動物は、このバイオマスに頼るしか生存の方法がないのです。

近代経済社会の人類は都市産業域と生産緑地を『場』として経済活動を展開し、金を稼ぎます。昨今、みんな朝から晩まで経済、経済で、GDP の成長を図るべく活動をしています。それに使われているエネルギーは 20 世紀末には 10 TW 程度で、自然が遣り取りしているエネルギー量と比較しても絶対値では小さなものです。このエネルギーを近代の人類は化石燃料を集中的に利用することで賄ってきました。たったこれだけのエネルギー消費で、二酸化炭素による地球温暖化が問題になってきたのです。京都議定書が論じられ始めてから現在までの短い期間でも、2 TW 増えて 12 TW になりました。これはバイオマス生成によるエネルギー総量 150 TW の 10 分の 1 弱です。この量で近代経済システムが動いているのです。

人類が現在の産業構造と技術構成で成長を続けようとしますと、2050 年には都市産業域とそれを支える生産緑地が必要とする商業エネルギーの消費率は 22 〜 40 TW になると言われています。エネルギー消費率がこのように増加した場合、何をエネルギー源として拡大する需要を賄うのでしょうか。この時の地球の熱収支はどうなるのでしょうか。たった 12 TW の商業エネルギー消費率で地球温暖化という現象が起きると IPCC は警告しています。これが 22 〜 40 TW になりますと、地球全体のエネルギー収支では比較僅少の数値でも問題が起きますから、二酸化炭素が

発生しないようなエネルギーの使い方をする社会を獲得しなければなりません。しかも今までに吐き出した二酸化炭素がすぐ減るわけではありません。

1.2 文明の転換

1.2.1 世界人口の推移

近代になって人口が急増しました。そして、2100年ごろに110億ぐらいになるのではないかと言われていたのですが、いったん100億を超えるかもしれませんが、また落ちるのではないかという意見がたくさん出てきています。人類はかつて、総人口を落としたという経験を持っていません。人口が減っているのはイタリアと日本とロシアです。ヨーロッパ人口は飽和に達し、平衡点を求めて振動しています。近代成長が終わろうとしているのです。

では、これから世界人口はどうなるのでしょうか。象徴的に言えば、何を食べるのかにかかっているのです。牛肉を食うか、豚を食うか、鶏を食うか、穀物を食うか、です。インドは穀物を主食としますから、2050年には18億人などという数字が出てきます。中国は既に豚だけではなく牛を食いたくなっていますから、そんなに成長を続けられないでしょう。穀物だけを主食にすれば140億人という世界人口にまで行けそうとも言われます。

アメリカ人のような食べ方（生き方）をしたら、地球は3.2個なければならないと言われますが、地球は1個しかありません。日本人のような食べ方をすれば地球が2個必要であるということを、カナダのワケナーゲル達がエコロジカル・フットプリントという考え方を提示して計算しました。既に現在の世界は、地球が適切に維持できる人口を既に30％も超えており、1985年ごろまでに地球の収容能力は満杯に達していたというエコロジカル・フットプリントの推計があります。

19世紀の半ばの世界近代化開始時点で、日本の人口は3,000万人、アメリカはやや少なく2,500万人でした。そこまで戻らなくても、人類の持続的生存のための解は人口減と消費減の相乗効果を求めていると思います。途上国、とりわけ中国人、インド亜大陸人、東南アジア人、中近東人、アフリカ人の人口大増加は未来の世界の大きな不安定要因であり得ます。人口の安定化についての議論を、あまり遅れることなく始めなければならないと思います。

1.2.2　世界の人口増加地域と飽和地域

　世界人口の増加パターンは近代の経済成長と政治に大きく左右されています。先進国、すなわち昔、植民地を作った国々の人口はほとんど伸びておらずに成熟飽和状態です。人口が伸びているのは途上国であると同時に、かつては植民地であった地域です。それらの国ではGDPも年率で数％以上も伸びています。先進国と言われている国々(特にG7)は、人口が伸びないだけでなく、自分のところでは人件費も高く、みんなうまいものを食べたがるし、きれいな服を着たがるし、消費だけはあるけれども自らの手による生産は増えない状況にあります。そこで、何とか遣り繰りをして稼ごうとして、発展途上国を自国の成長代に使い、その成長にぶら下がるということが始まるのです。

　個人所得と成長率の関係を描いた模式図を見ますと、どちらもきわめて低いゾーンがあります。横軸が国民1人当りの年GDP、縦軸が年当りの総GDPの成長率で表したグラフの左下隅が前近代的領域で、所得も低く(年1人当りGDP 100 USドルのオーダー)、成長もほとんど見込めない貧困地帯です。初等教育すら満足に整備されておらず、電気も水道もない、道路も整備されていないということで、しばらくは動きが取れない状況です。

　ところが、いったん初等教育システムができ、道路ができ始め、電気・水道ができ始めると、近代に向かって動き出します。1人当りGDPが大変に低い所から、1,000 USドルとか2,000 USドルぐらいに1人当り年GDPが増え、常識的に言うところの初歩的な社会基盤ができてくると、その後は急激に成長率が上がります。近代化が始まったということです。中国は今、1人当りのGDPが3,000 USドルあるでしょうか(沿岸部だけを見ると3,000 USドルを超えています)。この間までは1,000 USドルにも達していませんでしたが、あっという間に成長率が10％になりました。開発途上・高度成長域になります。

　日本も、1960年代初めには、1人当り100万円/年(3,000 USドル/年)くらいのGDPで、年成長率は10％ぐらいでした。日本もかつては同じ道を通ってきたのです。さらに一生懸命働いて、個人所得が次第に上がっていきます。現在では、1人当り名目GDPは、日本では35,000 USドルぐらいあるでしょうか。最大成長期の10倍をはるかに超える高所得国民になりました。スイスなどは50,000 USドルぐらいあるのですけれども、この辺までくると、GDP成長は年率2％ぐらいが上限で、

日本などもその辺で上がったり落ちたりするわけです（アメリカは移民国で他の先進国と少し違った形の人口増加があり、基軸通貨ドルを操ることができ、唯一成長を演出できる国でしたが、サブプライムローン問題で他の先進国と似たような状態になりつつあるように思えます）。

成熟領域（低成長高所得部）になってきますと、後近代化（近代社会の卒業）が発進します。近代化がほぼ終わった先進諸国領域（特にG7）は、そのまま衰亡するわけにいきませんから、「少しぐらいならば総GDPが下がってもいいや。だけどあまり下がりたくない」。しかし、「個人成長率もあまり高くとるのはできない相談」ということになります。これが今の日本の状況だと思うのです。

成熟した国々ではこのようにして、1人当りGDPをあまり落とさずに、総体としてのGDPが漸減する経路をたどっていきます。持続可能な、活発な社会活動を後世にまで何とか維持しよう努力を始めた領域です。

1.2.3 水・エネルギー使用量の増加と経済成長

近代の中核をなす20世紀という時代の100年で、世界人口は16億人から60億人に増加しました。水の使用量はその間、約10倍に拡大しました。人口が4倍に増え、水使用量が10倍になりましたから、1人当り2.5倍ぐらいの水を使うようになったのです。この間、GDPが時価換算で17倍になりました。1人当りGDPは4倍強になりました。これはアフリカからアメリカ、日本などまで全部の世界平均ですから、すごいことです。このように、近代の特徴は、財貨を稼ぐために資源をたくさん使って、使った分だけ収入が増えたという、非常に単純な勘定になります。

工業化が急拡大し、エネルギーが11倍使われて、1人当りの所得が4倍になることから、1人当りに換算すると3倍近くのエネルギーを消費して、4倍のGDPを稼ぎ取ったことになります。エネルギーを3倍しか使わなかったわけですから、GDP獲得のエネルギー効率は1.33倍に向上したわけです。金額基準の効率が良くなったという意味で技術が進んだと受け取れますが、人の一生で使うエネルギーは3倍ですから、人間一生涯の物理的効率は3分の1に落ちたのです。

このことにより得た進歩を、どのように人の幸せとして現代人は認識しているでしょうか。変化に直接関わった私どものようなシニア後期の少ない人間は、この急速な成長の成果を身に感じているように思えます。中国の現代に生きる人々のいささか粗放な自信も我が身を振り返って理解できそうです。そして、その結果、気候

変動という問題も噴き出てきたようです。

　10倍になった水使用によって、灌漑農地が猛烈に増え、世界の食糧の60％が灌漑された農地から出てきます。その結果、地下水が枯渇し始めます。アメリカ中部平原の穀倉地帯のオガララ地下滞水層は、蓄えを半分使ってしまいました。300年以上かけて溜めた水を、30年で半分使ったことになります。黄河は年間最大150日以上も、河口まで流れないこと（断流）がありました。これは、途中の灌漑用水取水が原因です。世界第四の淡水湖アラル海の水は、ほとんどなくなろうとしています。旧ソ連やカザフスタン、ウズベキスタンなどの旧ソ連邦諸国は、ヒマラヤから流れ出るアムダリア、シルダリアの二大河川の流域で綿花を大規模に栽培するため大量の水を綿花畑に灌漑した結果、最下流に位置するアラル海への流入水量は激減し、アラル海は面積で3分の1、水量で10分の1になってしまいました。また一方では水を安易に輸送媒体、反応媒体として大量に使った結果、かつてない水質汚染が中国中に広がりました。

1.2.4　20世紀という時代の総括

　アメリカという農業生産性が一番高いと言われる国で、20世紀の初めには1人のアメリカ農民が7人ほどの非農民を養えたのですが、今は1人で100人以上養えるようです。昔の日本農家は、自家用の食い物を半分ほど作り、残り半分を売っていたのです。ですから、2軒分しか養えなかったのです。この方式ですと、少なくとも農民の人口が50％は必要ということになります。中国や途上国の農民の比率はこれに近いと思います。ところが、それでは、大規模農産業国のアメリカやオーストラリア、南アフリカなどの自由貿易（WTOやその変形版）システムの下で競争しようとしてもとても商売になりません。競争になりませんから、地域農業は崩壊してしまいました。そして、石油があまり遠くない将来、無くなります。加えて、希少金属類や食物生産に不可欠なリンもあまり遠くない将来には無くなります。非再生資源が不足してきて、20世紀型の成長はもうできないということは誰の目にもはっきりしてきました。

　要するに4倍の金を稼ぐために、3倍もの資源を使い、人間個体の生涯物理効率からいくと、ご先祖様より3倍以上も地球の資源を消費した現代人が得たものが何であるかということになります。これが進歩かどうかはわかりません。資源が十分にあれば得たものの価値のみで進歩が図られます。資源と地球空間が十分でなく

なった現代ではもう一つの大きな判断基準、「資源制約・空間有限制約」が加わります。地球環境時代の到来です。これこそが近代と近代の次の時代を判然と区別する要件です。

昨今の地球温暖化における二酸化炭素の議論でも、発展途上国と成熟したG7とで利害は完全に分かれています。その中で見えてくるのは、近代という成長の時代、進歩を唯一の神とあがめた時代が終わろうとしていることです。それが2050年ごろになると、進歩と成長が神であるという時代（近代という時代）が、別な普遍的価値を世界が共有する新しい時代に入っていき、価値観の転換がたぶん起こるだろうと思います。それが何であるか私には十分にはわかりません。価値観の転換がなければ、いつまでたっても成長即エネルギーと資源の大量使用となり、その争奪戦が続いた結果として人類が破滅の道を行くということになりそうです。

ここで、Growth（成長）とDevelopment（発展）の違いを明確にする必要があります。Development（発展）は、価値（内容）の転換を含んだ言葉です。それでも進歩であるには違いありませんが、"進歩というのは何であるか"ということがこれから、きっと問われると思います。

世界の人口は現在最大成長速度で増加しています。閉空間でのショウジョウバエの増殖から導かれた、生物群集の増加を示すロジステック曲線のように宇宙船地球号の卓越生物である人間どもが増殖しているとも考えられます。加速度がゼロになる変曲点、最大増殖速度の点に今われわれがいるわけです。後ろを見れば、20世紀までの近代文明の成功体験が現代人の行動を支えます。これが多くの途上国の現況です。しかし、地球上は均一ではないので、既に成功が陰りを見せる地域（近代化先進国群）では飽和停滞の予感が人々の頭をよぎり、生き方を変えねば未来は危ういという声が高まります。人々は苦労し、右顧左眄して、何が何だかわからなくなって、右足でアクセルを踏み、左足でブレーキを踏んでいるのです。そうなれば世の中は、ガタガタするに決まっています。

1.3 人類活動と都市社会化

1950年、世界の人口25億人強の30％が都市に住んでいました。人口10万人以上を一応都市という定義で国連は書いているようです。2010年が終わりを告げた今、都市人口は世界の人口60億人の半分ぐらいです。そして、2050年は恐らく、7割

の人間が都市に住みます。都市が一番お金を稼ぐことができる、もしくは貧しい人々が、そこへ寄っていけば何とか生きられるのではないかと思い、集まるからです。郊外のスラム化は途上国の大都市の典型的な都市問題です。

　1986年に筆者が学術会議の第1回環境工学シンポジウムで基調講演をしました時、地球上の空間をその用途特性によって3領域に分けて示し、そのうえで様々な社会・環境状況を理解しようとしました。各々の領域はそれぞれ特徴的な戦略目標、駆動エネルギー、システム構成の複雑さ、制御・評価容量、評価の秩序などを持っています。

　三領域の一つは「都市・産業域」です。人間活動の集中度が一番大きい空間で、財貨の獲得を最大限に効率よく果たしたいと考える空間です。財物生産・流通業、情報・管理産業などが主体となるのがこの都市領域の持っている特徴です。生物生産機能をほとんど持っていません。ここは商業エネルギー（化石エネルギーと原子力エネルギーなど）を集中的に使って駆動される領域です。この領域で生きていくためには、活動する人間の食物をほとんど他領域から貰わなくてはいけません。

　もう一つの人間活動領域は、都市産業域に活動する人々のために、食物・有機物などを作る「生産緑地、食料生産域」です。ここの領域の戦略目標は有機物の最大生産量を上げることです。1粒の麦をまいたら、なるべくたくさんの麦を収穫しいということです。昔であれば都市域の糞尿を田畑に肥料として返し、食料を生産して都市に戻すという2年に一遍の有機物・リン・窒素のサイクルが成り立っていたのですが、海を越えての食料の大量輸入や化学肥料の大量使用により今の日本では循環が切れてしまっています。

　また、生産緑地のもう一つの大きな部分に人工林地があります。人工林というのは早ければ30年に一遍、成熟林であれば数十年から百年サイクルで、伐採と植樹を繰り返して交代します。これは毎年のように、種まきと収穫を繰り返す農地とは違いますが、人工の林地も1本の苗を植えればできるだけたくさんの木材を取りたい、たくさんの再生産をしたいということでは同じです。人工的に有機物を再生産することが目的の人工林も、成長と収穫の期間が30年以上と長いので、人工空間でありながら狸、狐、兎、栗鼠、鳥などの短寿命の小動物に対しては、数世代以上にわたり棲み続けることのできる、相対的に安定した空間であり、里山の自然として、次の保全環境領域に準じた役割を人口密度の高い日本では果たしています。駆動エネルギーは、太陽エネルギーを基本にしますが、近代の緑の革命を招来した領

域として、機械力、肥料の付加的投入がこの領域の有機物生産性を飛躍的に増大させました。

もう一つの特徴的領域は、「自然生態系保全域」で、前の2領域と違って人間の関与を必要最小限にとどめ、太陽エネルギーと自然の力による物資循環に『系』の作動を任せるのをよしとする系です。人間との関わりに関しては、生物多様性条約というのがありますが、なるべくたくさんの生物種が太陽エネルギーと水を多段階・最大限に利用して、重層的に生態システムを作って生存していくのを保護し、人が動物の一種であり自然の恩恵なしに生きていくことができないことの基本となる部分を守りたいというのが趣旨です。しかし条約そのものは、ABS (Access and Benefit-Sharing) など、地域主権の利用にも関わるやや生臭いもののようにも思います。

生産緑地の人間活動が保全域へ侵入することが、人口の増大、特にバイオマス産業の拡大とともに次の時代の最大課題になりそうです。熱帯と南半球の自然が開発の進んだ北半球のようになりそうなのが次の地球危機における最大のものでしょう。制御評価の観点で言えば、自然生態系保全域は、環境アセスメントが主として担う領域です。生じる現象が複雑多様でかつ変動に対する応答が長期間かかってようやく現れてくるものを含みますから、常時監視・観察を含む科学的データベースの蓄積と現象の研究的観察が不可欠です。

1.4 食糧生産と農業

1.4.1 国別農地面積、農業活動従事人口

都市で金を稼ぐ連中を食べさせているのは、それと対になって存在している大規模農業です。アメリカは1軒の農家が持っている土地が平均100 ha以上あるのにかかわらず、農業従事人口は2%弱に過ぎません。その他オセアニア、南米などの大規模農家が世界の都市民を養ってきたわけです。アジアでは各国50%以上も農民がいても、農地は小さいですから、中国は自給自足が精いっぱいで、都市化の進行とともに自給自足が段々と難しくなります。したがって、近代世界では大規模農業域と都市化した産業域とが組んでいくというような形で、地球は動いていたのです。

人間が地球上に60億人余います。その人間と、人間のためだけに存在する家畜

が地上に棲む全動物質量の70％以上もいます。そして、人間が自分勝手に牛や豚を大量に生産して食っていながら、環境生物の「生物多様性」を言っているのです。絶滅種が出て、シロクマがいなくなると大騒ぎしているのです。人間がはびこり過ぎたというのはこういうことです。しかし自分の過剰増殖をほとんど考えずに、自然との共生とか、生物多様性の保全などと言っているわけです。

　人間の数と穀物生産量の関係の概況を見ることにしましょう。1950年ころには、人類1人当りの穀物量が一日750ｇぐらいしかなかったのです。それが20年間で、人口が1.5倍近くにも増えたにもかかわらず、1人1日800ｇ食えるようになったのです。30年後の1980年代には、1人1日850〜900ｇにまで増えました。これは「緑の革命」と言われる現象です。この革命は、地下水を深井戸ポンプでどんどん汲み上げ、ダムをたくさん造って大規模灌漑を世界に押し広めた農業水利の拡大と、もう一つ、空中の窒素を化石燃料の使用によって固定して、化学肥料としてどんどん使うことができるようになったことによって実現しました。トラクターを石油で走らせて、いろいろなことが大規模にできるようになりました。そうして、緑の革命が起こり、急増する世界の人に1人当りに10％も多くの穀物を供給できるようになったのです。

　その後、1980年代から人口がまたどんどん増えて、やがて65億人になりました。この25年間、穀物生産量は1.5倍近くになり、人口増加に追随して農業生産を上げてきましたが、1人たりの穀物の量は850〜900ｇから全く増えていないのです。これは、マーケットがコントロールをしている可能性もありますが、緑の革命が終わってしまったと考えることもできます。つまり、人口増加が食物の増産に追いついて、食物と人口の増加が並行で走っている状態であるということです。

　世界の食糧備蓄率が、1970年代はその年の端境期で食料生産量の15％ぐらいしかなかったといいます。緑の革命の成果として1980年代後半には30％台に上がり、金があれば穀物は世界のどこからでも買えると考えたのです。ところが、近年では備蓄率がまた15％に落ちています。ということは、人口増加の圧力（指数関数的増加）が遂には食料生産の増加（算術関数的増加）に追いつき不足が始まるという、マルサスの人口論の言う「マルサスの罠」に地球人類が掛かりそうと考えた方がよいのです。穀物はすべての人間が生きていくための、太陽エネルギー固定の基本です。残念ながら、日本の食料自給率は穀物ベースで27％、世界でも極端に低いところにあります。カロリーベースで39％です。日本人は、エネルギーのかなり高い食

物を摂取していますから、カロリーベースで39％です。コストベースでいくと、われわれは大変に高いものを食っていますから、自給率は68％です。

1.4.2 漁獲量の変遷

　魚も日本人が世界で一番たくさん食べているようです。1950年ころは世界中で捕れる魚は年間2,000万tしかありませんでした。年とともに漁獲量が直線的にどんどんどんどん増えました。魚群探知技術と漁船の大型化と高性能化が進み、安い石油燃料に支えられて、地球の裏側まで行くようになって、七つの海を獲り尽くしました。それでも、年間の海洋漁獲量が1億tにまで増大することなく、20世紀末に、漁獲量の増大が止まりました。今は、落ち始めております。ということは、もう海に過剰な量の魚はいないということです。あとは、魚を獲るのを少し遠慮しなければならないことになります。

　それに代わって急拡大してきたのが、養殖漁業です。養殖漁業は21世紀初めで自然漁獲量の50％以上の量を揚げています。われわれがたくさん食べているのはウナギ、鮭、海老、そしてタイなども養殖しています。近畿大学がマグロの養殖にも成功しました。

　ところが、養殖というのは、安い魚や肉を餌としてより大型の高価な魚を商品として作り出す産業です。生態学的食物連鎖の階層から言えば、養殖魚は高次捕食者です。太陽エネルギーを固定するのはすべて植物です。海でしたら、植物プランクトンです。それを動物プランクトンが食います。それを小魚が食います。小魚を中魚が食います。小魚、中魚を大魚が食います。挙句の果てに、クジラが食います。食物連鎖です。食物連鎖が一段上のレベルに行くたびに、太陽エネルギーの利用率は1桁（10分の1）ずつ減るのです。高次捕食者を生産する養殖漁業ではバイオマスの利用率が極端に低くなります。牛なら草を食うだけで、1桁落ちるだけですが、水産資源での落ち方の次数は多段階です。例えば、イワシをマグロに食わして100倍以上の金が稼げれば、太陽エネルギーの利用効率をさらに1桁下げても、マグロ養殖が良いということになります。要するに、より多額の金が欲しいという経済活動です。これは完全に経済をベースにした活動評価で、生物学的なエネルギーの流れとは全然違う話になります。

1.5 エネルギー問題

1.5.1 人類と化石エネルギーの関係

近代の地球人類の活発な活動に一番大きく寄与したのが化石エネルギーの大量使用です。17世紀末の石炭の使用に始まり、20世紀の石油の大量消費時代を経て、人類史上類を見ない異常さで人口が伸びました。そして、そのような人口増加は、22世紀には終わるだろうと思います。17世紀の後半から18世紀にかけて急激に人口増加カーブが上昇し始めて、21世紀初頭の現在、史上最高速で増加が進んでいます。人口増加はエネルギー使用量の増加とほとんど1対1で対応する形で進行しています。

この近代の人口増加曲線の先には、この先石油などの非再生エネルギー資源が無くなったら、違うエネルギー源を使って人類活動を継続発展できるか、それとも人類の活動が停滞し、衰亡の一途をたどるのかという大きな分岐点が待ち受けています。石油は何時ごろまで使えるのでしょうか。石油のピークアウトと呼ばれる現象ですが、石油が発見される量よりも生産（消費）される量の方が多くなりました。将来のバランスを図で考えますと、これから発見されると予想される埋蔵量曲線下の面積と、石油生産量の曲線下の面積は、同じになるはずです。そうしますと、2050年から2075年頃には石油は容易には使えなくなると考えられます。長い人類の歴史で見れば、われわれが化石燃料に頼れる時代は、石炭を含めてもきわめて短い時代で、たった300年ぐらいに過ぎません。われわれは化石燃料に頼って急激に人口が大成長するという、人類史上の特異な時代に生きていることを自覚する必要があります。

1.5.2 地球温暖化

大気中の二酸化炭素濃度は、キーリングらが1957年よりハワイのマウナロア火山で行った長期的な観測などが示すところによりますと、1950年代から2000年代にかけて310 ppmv（体積基準で100万分の1を表す単位）から380 ppmvにどんどんと増加しました。大量の二酸化炭素などの人為的排出の結果、人類は地球温暖化という問題を起こしてしているとするのが世界の主論調です。IPCC（気候変動に関

する政府間パネル；Intergovernmental Panel on Climate Change）がその中心を担って観測と議論を展開しています。

IPCC は 1988 年 11 月に設立され、2001 年に第 3 次報告書、2007 年に第 4 次報告書がまとめられ、二酸化炭素などの温室効果ガスと地球の温度上昇の関係が政府間の主要課題になりました。二酸化炭素濃度が倍増すると、地表の温度は 1.4〜4.5℃ ぐらい上がるだろうという結論です。

1.5.3　短期均衡（フロー）型と蓄積資源（ストック）利用型エネルギー社会

近代西欧型社会は、太陽エネルギーに化石・原子力エネルギーを組み合わせて利用し、同量の廃熱を捨てることで成り立っています。化石エネルギー（もちろん、原子力エネルギーも）なかった江戸時代のように、人類がもしバイオマスと風力と太陽光のエネルギーだけで生きていくとしたら、これを「グリーン」に生きると言いますが、太陽から入力したエネルギーだけで生きるわけですから、バイオマスの生成・燃焼サイクル 30 年くらいを周期とした短期間のフロー型エネルギー収支で運用しなければなりません。

短期間で入ったもの、出たものの熱がきれいに均衡する、熱収支になるのです。近代西欧型社会は、江戸時代のようなグリーンな短期（30 年くらい）エネルギー収支のフロー型社会を、化石エネルギーや原子力エネルギーを使うストック浪費型（略奪型）近代社会に切り替えることによって、人類の大増殖・文明の大拡大を達成したと思います。要は、地球資源の長期の貯金を 300 年ほどで食いつぶしてきたということです。

二酸化炭素を運転時にほとんど出さない原子力発電のことを考えてみましょう。核分裂型の原子力発電が現在の化石（石油・天然ガス）エネルギーに取って代わる最短近距離にある集中型エネルギーシステムということで、世界的にその推進が考えられ始めています。当面はウラン 235 とプルトニウム 239、241 を燃やす、大型の軽水炉が中心になるでしょう。エネルギー資源としてのウランの埋蔵量（コストの掛け方で採掘可能埋蔵量が変わります）は、2005 年現在、474 万 tU くらいあるそうです。現在のウランの使用量が世界で 5.45 万 tU/年です。割り算しますと、85 年で無くなります。つまり、ウランというのは一過型の使い方をしますと、85 年ぐらいの資源量です。わが国ではウラン 235 の核分裂から発生したプルトニウム 239 を再処理した MOX（プルトニウム混合酸化物；mixed oxide fuel）燃料を、ウラ

ン 235 の在来型の燃料集合体の 25％だけ炉に挿入することが認められていて、ウラン燃料資源の寿命を 20％ぐらい延ばすことが可能で、ウランは 100 年ぐらい利用可能な資源になります。それでも遠からず無くなります。発展途上国の原子力発電に対する需要が急増しますと、ウラン資源の一過型利用による枯渇の時期は、石油や天然ガスとあまり変わらなくなってしまう可能性があります。

ただ、高速増殖炉で、ウランに高速中性子をぶつけて、天然ウランの 99.3％を占める現在の軽水炉では燃やすことができない不活性のウラン 238 を燃やすことによって、1000 ～ 2000 年オーダーの資源量が確保できます。高速増殖炉の冷却材は今のところ金属ナトリウム（液体）になります。ナトリウムは水を掛けたら爆発しますから、扱いの難しい（あえていえば危険因子が増える）液体金属です。

もし省エネルギーにはじまり、再生可能エネルギー開発、分散型複合エネルギー、電力・熱併給システムなどの開発が不十分で、様々な技術革新がうまくいかなければ、人類は高速増殖炉を使わざるを得なくなるだろうと思います。望むと望まざるとにかかわらず、使わないで自分たちが死ぬか、恐ろしい思いをしても高い技術と最も慎重な配慮で使うかという判断を、いつか迫られるだろうと思います。

1.6 水が世界人類の生存を支配する

1.6.1 地球上の水の存在と需要

「水」がエネルギー問題とともに、未来の世界を支配する最重要因子となります。地球の表面の 3 分の 2 は海です。水の惑星が持つ水の 97.3％は海水です。人類や陸上動植物が直接依存するのは淡水です。残念ながらその淡水の大半は氷河にあります。したがって、われわれが直接依存しているのは水資源のフロー部分で、川の水、湖沼の水、地下水などを全部足しても地球の水の 0.01％（100 分の 1％）弱しかないのです。淡水は空中で水蒸気等として存在していますが、平均 10 日の滞留時間しか持っていません。換言すれば平均して 10 日で地表に降水として戻ってくる、「高速循環資源」です。しかも、水は常に太陽エネルギーで蒸発した水蒸気が凝縮して生成し、純水に近い新鮮な淡水として再生され地上に返ってきます。地球上では、年間 $111 \times 10^3 \mathrm{km}^3$ といった巨大なフラックスになります。

UNEP（国連環境計画）の資料によりますと、水の総需要量は 20 世紀初頭に僅か

500 km^3/年でしたが、20世紀末には5,500 km^3/年に達しました。世界の水利用量の最大割合が農業利用で、工業用に使われる水量は、途上国を中心に増大していますが、日本では鉄鋼業の97%を筆頭に積極的に排水の再利用を進めていますので、工業用水の自然河川からの取水量はあまり増えていません。一方、都市用水、特に生活用水は1人たりの原単位(一定量の製品を作るために必要な原材料・労働力の標準量)が少しずつ増えてきましたが、人口増加の頭打ちと環境意識の増大もあって、規模の拡大は止まり、水質の向上、災害安全の向上などに施策の力点が移りつつあります。世界の水システムの未来は、人口の急増と、途上国の食生活が穀物から肉類へと変化するのに応じて飼料穀物生産量を増大するために、農を拡大し、それを支える農業用水量確保が最大の問題になります。

世界各地の年間1人たりの水の賦存量を比較してみますと、1人たり1日3,000 L、浴槽10杯分ぐらい以下しか水資源量がない場合には、「水ストレスが非常に強い」と言うようです。ということは、住民1人たり浴槽10杯ぐらいの水があれば、作物を作り産業を維持し、日常生活が基本的にできると考えます。一番の困難地帯、すなわち1人当り1,000 L/年以下の水賦存量しかない地域を塗りつぶしますと、アラビア半島からエジプトそしてモロッコまでのサハラ砂漠北の地帯です。誰でもこの地帯の降水量の少なさから水賦存量の不足を理解できます。

驚くべきことですが、住民1人たりの水賦存量が世界最悪なもう一つの地域が関東です。人口3,000万に対して、年間1,500 mmの雨が平均して降ります。それでも、1人当りの水資源賦存量が1,000 L/年以下の世界最悪の寡水地帯なのです。これは、関東はすごい大量の生産をやって、3,000万人ぐらいの人間でドイツに近く、フランスよりも高いGDPを上げていることに由来します。そんな大活動をやれば水が不足するのは当たり前です。

1.6.2 世界で水システムが危機を迎える

灌漑農業によって穀物の60%以上が現代では生産されており、前述のように緑の革命が起きました。灌漑による畑地農業は、河水や地下水を畑に導いて散水し作物を育てます。これらの灌漑畑で心配なのは塩害による畑地の荒廃や表土流出などです。灌漑畑の多くは乾燥地帯にあり、それら地域の河川水・地下水は一般にはかなり塩分濃度の高い硬水です。灌漑で水をまき、その多くの割合が蒸発すると塩が地表(最大濃度は表面下40〜50 cm辺りにある)に残り、ひどい時には硬い塩化物

層ができたり、灌漑水中の1価ナトリウムイオンで土の団粒構造が壊れて、土壌粒子が分散し流亡したりします。メソポタミアの豊穣な三日月地帯が衰亡したのも塩が畑に溜まることによるようです。東アジア、東南アジアなどのモンスーン地帯の水田農業だけが永続的に塩害がない灌漑農業です。

世界の沿岸大都市の多くは、地下水の大量汲上げによる地盤沈下や塩水楔の地下滞水層への侵入で大きな被害を受けています。過剰揚水をしないことが第一の対策ですが、近年の地球温暖化による海水面の上昇はまた、沿岸に立地することの多い現代都市社会に新たな問題を投げかけました。地球温暖化が進むと、海水温が深海まで徐々に上昇して、その結果、深い海全層の海水の熱膨張が次第に進むことと、グリーンランド、ヒマラヤなどの陸氷河の溶解水が海に流れ込むなどして、海水面がじりじりと上がります。

西暦3000年まで、3℃以上の温度上昇が続くと海水面が3m程度上がると言います。IPCC第4次報告のシミュレーションによりますと、現在の2倍の二酸化炭素濃度750 ppmvの場合、2100年に20 cm、以後100年ごとに10 cmほどずつ上がり、2400年には50 cmほどの上昇になるのではないかと予想されています。

さらには、今世紀に入るころから目立ってきた、世界的に頻発する洪水被害への対応があります。都市化の進展で人々が海の近くまで来て住んで、金持ちがわざわざウォーターフロントに集まって水を楽しむ生活を図ります。アメリカでもオーストラリアでもヨーロッパ低地でも英国でも似たような状況にあります。人口密度も高くなり収入も多くなったので、いったん洪水が起こったら被害は甚大になります。大都市の川沿いにあるスラムの増加も被害を加速します。

急激な大雨に由来する局地洪水、竜巻、猛暑などがヨーロッパやアメリカ、そして日本でまで頻繁に観察されるようになりました。日本は従来モンスーン期の台風由来の大洪水に悩まされてきましたが、ヨーロッパは温和な気候を長く維持して、その上に近代ヨーロッパ型文明を築いてきました。1980年ぐらいまで、国際会議における水問題の論議の中心は、ヨーロッパの連中は流域の水質保全・汚染制御で、日本の連中は流域の洪水と渇水の調整であり、議論が噛み合わないことがあったのを思い出します。京都で開かれた第3回世界水フォーラム（2003年）の時に、国際会議で初めて洪水対応が主課題に躍り出ました。先立つ年に、ヨーロッパ中部を繰り返し大洪水が襲ったことによるように思います。地球温暖化との関係を物語っています。

1.6.3 水システムの統合

　地球上を循環している淡水の大きな部分が農業に使われます。食料の確保が第一義です。生物多様性の保持や自然の確保に必要な水が生態系保全用水です。しかし、農業が生産を上げようとして灌漑用水をさらに求めれば、他の用途（生態系保全と都市産業用水）に回す水が減ることになります。そして、都市産業用水の確保のために、水の再利用、循環システムの導入で対処しようとすれば、エネルギー消費をさらに求めることになります。総合的な流域管理を最小エネルギーで進めなければなりません。

　その場合、質の適切な使い分けが基本理念となります。すべての用途に飲用可能水を送るといった、近代水道のような贅沢はできなくなります。都市の上水道も下水道も近現代は、大きな清浄水源を求め、長距離の導水を行い、一括してすべての用途に飲用可能水を供給し、すべての使用済みの汚水・排水を一括して下水と称して下流域に排出する大規模集中型を取っています。水処理を除けば、2000 年近く前のローマの上下水道、モヘンジョダロの水システムと変わりがありません。来るべき 22 世紀は、地球に人が溢れ、利用可能な資源に限界が来て、新しい自然と共生する生き方を工夫して近代を卒業しなければ人類のサステナブルな未来が心配になってきます。

　エネルギー革命がまだ無い時代に、人力・畜力・自然エネルギーを最大限に活用して地域の水源を使い、地域自立型で運営してきた分散型用排水システムが見直され、もう一度環境制約突破の手段として、近代技術の成果をも活用して再認識されるでしょう。

　分散型の水システムの工夫によって、上流のダムを減らし、川道の生態系との共生の可能性も上がり、上下流の相克問題も緩やかになってくるかもしれません。現代の集中型システムを採用している限り、ダムはいらないなどと無限定に言うわけにはいきません。農業用水についてもかなりの程度、分散型灌漑が論議の対象になるでしょうし、水田ではさらに局地循環型採用の可能性は高くなり、自給率向上ための水問題対策の切り札にもなります。

　近代都市の高密度発展形（コンパクト都市）は、人体を真似た格好のものになるのではないかと思っています。少なくとも水の利用とか、水処理とか、電気エネルギー

の出し方・使い方、熱エネルギーの使い方などは、情報操作とともに、生体の真似をすると思います。生物学・生理学をベースに、20世紀後半から大発展した分離機能膜技術を使って、初歩的ながらすべての水処理を生体学的に再設計できます。非常にコンパクトに、ほとんどの物質フラックスを高精度に分離できます。海水まで淡水化できます。その半面、エネルギー消費は少々大きくなります。輸送を含む都市水システムを総合化した、流域システム全体としての水、物質、エネルギー流通を持続可能に設計し、長距離輸送のエネルギーを減じ、災害安全度を高める議論の中での施策となります。

あらゆる水システムは「自分の責任はすべて自分で取る」ということを前提に、水文大循環サイクル内で自立化を最も高めた形で、設計し運用するということが目標になります。都市・地域の水利用と排除(水代謝)を"Polluters (users) pay principle"「原因者責任制」で行うことです。動物や人間個体は、生体の必要に応じて最小の水を取得し、不要に応じて最小量で排除する生体水代謝を営んでいます。成人で1日2Lを収支の基底とします。しかしながら、取り込まれた水は、腎臓、膀胱などの泌尿器系で再生回収されます。体重60 kgの人の体内水分36 L(細胞外液は16 Lほど)は平均して1日4〜5回(150〜200 L)腎臓でろ過され、再生利用されています。飲用水が1日2Lとすると、体内水の滞留時間は18日(細胞外液が移動の主体と考えると8日)程度ということになります。尿や汗として排出されるまでに、80〜90回(細胞外液を主に考えると30〜40回)ほど再利用される勘定になります。廃棄物は最少量の糞尿(1.5 L程度)として自然界に戻ります。このような、水再生サイクルと廃棄物濃縮過程を持った生理システムを日常的に運転して、ようやく動物は生態系の中で共生してきたのです。

生物個体が持っている体内循環と濃縮廃棄の同様の仕組みを、人口100億人の世界では、都市・集落に導入して社会基盤システム構築し、都市・集落群の相互共生と自然との共生を達成する必要が出てくるでしょう。

1.6.4 水環境圏(区)の基本構造

水環境圏(区)の模式図は、高人口密度流域において個々の都市が、生物個体のようにそれぞれの水代謝を最小のエネルギー消費と環境負荷で自立し、自然と下流域と農業との共生を図る基礎的構造の提案です。

国際連合は1992年のダブリン宣言で「1人当り1日50 Lの清浄水を人類にあま

ねく供給したい」としましたが、その望みの達成の道はその半ばです。多くの先進国が1人1日300〜400Lもの飲用水を水道で使っているのは、洗濯、風呂・シャワー、水洗便所、散水などの飲料外目的にも飲用可能水を使うという水質の贅沢をしているためです。先進国も途上国も飲用可能な水質を要求する水量に大きな違いはありません。また、このような上質水は下流の都市も川に棲む生態系もぜひ欲しい水質であり、共生を言うなら上流の人間だけがすべての用途に上質水を最大要求量すべてにわたり使うことが正当化されるはずがありません。

　都市系はできるだけ多くの割合の清浄河川水を下流と自然生態系のために河道に残し、ダブリン宣言の言うように人の健康と生存のために必要最小限の清浄水、市民1人当り50L/日といった量の飲用可能水(上質水)だけを自然清浄水域から採るといったことが一つの目安になります。都市民は域内の雨水と使用済みの排水を都市用水として利用・再生し、すべての非飲用水に充てます。使用済みの排水(下水)を、適切なレベルまで「生物処理＋物理化学処理」して近隣の環境湖(または地下水盆)に蓄えたものを、再生地下水(井戸)系や非飲用水道系(いわゆる中水道)で再利用します。膜処理という新しい高度水処理技術ができたので、高いレベルの再生水を「環境湖(または地下水盆)」という名前の貯留域に溜めて、生物体と同様に飲用を外した用途に、繰り返し使うことができます。

　環境湖の水で魚などがいつも健康であり(バイオアッセイ)、底泥も汚くならず(積分型環境管理)、水処理の成果が常時観測で保証できれば、この水を放流するのはもったいないのです。さらにもう一回、地下水に戻して、井戸などで汲み上げて、飲料以外に使ったらよいのです。夜、昼の使用水量と排出水量の変動を環境湖で調整できます。都市域に降った雨も回収できます。水量、水質の調整と都市域内での継続的に精密なモニタリングができます。広域自然系の全下流域で経済的にも技術的にも容易でない大量のモニタリングをしなくても、環境湖の日々の技術管理で、都市排水を質量ともに明確な高度管理ができることになります。

　廃水系の由来のはっきりした汚水だけを収集処理し、濃厚汚泥を分離し、有限なリン・窒素など肥料成分をほとんど回収して農地に還元します。集めたものを堆肥にするか、嫌気性発酵過程を経てメタンガスを取り出してエネルギー回収し残滓を有機土として畑・森林に戻します。

　農業に不可欠な非再生資源リン鉱石は世界に180億tしかなくて、このままの近代上下水道系の代謝を続け、使い切ってしまったら食い物が作れなくなってしまう

のです。リン鉱石資源は、年1.5億t使っていますし、人口増加で需要が増えますから、100年ぐらいしか持たないのです。ですから、リンというのは捨ててはいけない資源なのです。しかもこの大変貴重なリンは、便所排水の中に80％あります。そして、台所に9％ありますから、両方足せばほぼ90％です。ですから、台所の水の一部と便所の水だけ集めておけば、リンも1,000年のオーダーで持ちます。

水環境区型の水代謝構造を都市・集落が取ることによって、国内の流域河川の上下流問題も国際河川の紛争も緩和され、農業と都市の共生も自然との共生のために正常水を河道に残して自然との共生を図ることも可能になります。沿岸の水質汚染（赤潮）なども、この系ではほとんど発生しません。流域の総合的な水質・水量管理（integrated basin management）を目指す地域水代謝システムは、上述のような質利用・質監視を連携させた日常システムを地域に作って初めて、22世紀に展開できる新文明の基盤となります。

灌漑用水も、畑作であれば使い切りを考えてドリップ灌漑などの最少量で生産緑地を維持することが寡水地帯での作法になると思います。水田地帯では、ブロック化された水田の上下流間で循環再利用させ、最少の減水深で灌漑ができ、肥料成分の流亡を減じ、清浄河川への汚染負荷発生を極限まで減少できるのです。

1.7　Carrying Capacity はどう決まるか

末石・南部・丹保らは、1972年に「環境容量」研究のわが国の嚆矢となる成果を「環境容量計量化調査研究報告書」（昭和47年度：財・環境文化研究所）で公にしました。1967年ころから環境構造論として内部的に論じられてきたものです。米国においても Environmental Capacity という言葉がありましたが、その組立ては自然環境問題の聖域といった趣きさえあり、設計の対象ではなかったのです。末石・南部・丹保らは「Ⅰ型：自然の還元能力」、「Ⅱ型：汚染制御能力」、「Ⅲ型：地域活動容量」、「Ⅳ型：時間的活動容量」に環境容量を分類して、地域とリンクして、未来の時間まで考えた、制御可能な構造容量を計量化して論じました。この頃はまだ、OECDのDPSRの考えも無かった時代です。

このころは、フォレスターが1970年「Urban Dynamics」を発表し、多くの要素を考えに入れた都市構造モデルを構築し、近代の中心構造である都市域の動的挙動を解析し、自己決定への道程を開いた時期です。ローマクラブが1972年に、同様の

動的モデルの世界版として『成長の限界』を公にし、地球有限の理解を世界に定着させたことで大きな波が起きました。いずれも動的モデルを構成する各セクターは近代の構造そのものであって、操作パラメタを介して政策や影響を評価するものでした。

筆者がここでの論講で縷々と述べてきましたのは、1972年に末石・南部らと論じたことを21世紀の地球環境制約の時代にあらためて再定義し、発展させ、人類がこれから採用することのできる「生存システムの構造」に繋げたいと考えているからです。具体的には、次世代の担い手とともに、「資源環境制約に対応し、近代と異なった社会基盤システムへ転換」する形で提案したいと考えています。それはまた、22世紀以降という近代の次の時代に人類が生存を続けるためのDynamicsを創設する糸口にしたいという望みであるとも言えるでしょう。

確かに、依存と影響をわかりやすく表現するエコロジカル・フットプリントは、今のままでも近代の静的な環境容量評価の優れた方法となっています。しかし、空間構造的、あるいは時間の積分効果を表すには成功していません。いくつかの水指標もかつての「内包水消費概念」の焼き直しであることは否めません。だからこそ、これからは都市産業域・生産緑地・自然環境保全域の構造を地域的に改革していく新しい技術的・文明的提案を重ねることによって、容易に提案が改善され、その成果が特別な訓練を経ない市民にも理解できるものとなり、差分的に動的未来を見る有効な計画手法にもなると確信しております。

もちろん、フォレスターやローマクラブが提案した動的モデルも、都市・緑地・保全の3特性空間、熱帯雨林・乾燥地帯・寒冷地帯・モンスーン地帯などの様々な地域における、人口密度とエネルギー物質消費の極端に異なる活動持続構造の技術的・文明的新提案を読み込めば、提案の諸要素の感度解析を通じて、社会がとるべき対応のより的確な判断材料を与えることになるでしょう。これは、計算単位が細かくなるだけで構造が見えなくなりやすい地球シミュレターの次の課題になります。少なくとも、いつまでも地球の炭酸ガス論の上に気候変動ばかりやっているのはもったいないので、地上の様相を反映したシミュレーションになるべきです。

いずれにしても、単純な地球の支持容量(Carrying Capacity)などというものは存在しないし、共生が叫ばれる時代に近代文明の延長線上で人類の今の都合だけを表に出した持続を主張し、人類の都合だけのSustainabilityを語るなどは、醜いことです。本質的にSustainable Developmentが何を意味するか、人間の倫理と日々の

挙動が 22 世紀に向かってどうなっていくのかの再吟味なくして、人類の生存への道は見出せません。そのためにも、地域、領域の具体的構造の提案と駆動・運用法を明らかにしつつ、環境構造容量として地球の Carrying Capacity を論ずる段階にわれわれの地球社会は突入しているのです。

　本稿は、文献 1)のベースである講演を再編集し、加筆訂正したものである。

文　献
1) 丹保憲仁：21 世紀の日本と北海道 − 持続可能な社会を目指して、フォーラム 2050、財団法人北海道地域総合振興機構、1-199、2009。
2) 丹保憲仁・竹村公太郎：人と水 − 今日から明日へ、フォーラム 2050、財団法人北海道地域総合振興機構、1-171、2010。
3) 高崎哲郎：水と緑の交響詩 − 創成する精神環境工学者丹保憲仁、1-260、鹿島出版会、2006。

2. 座談会　都市・農村連携と低炭素社会のエコデザインとは

日　時	2010 年 11 月 1 日
場　所	北海道大学学術交流会館
参加者	コーディネーター　　盛岡　通
	研究班代表　　　　　梅田　靖
	大崎　満
	仲上　健一
記録・編集	加藤　久明

2.1 座談会を開始するにあたって：低炭素社会のエコデザイン、第一次産業から第六次産業へ、国際連携の意味とその変質

盛岡　　ただ今から、「都市・農村連携と低炭素社会のエコデザイン」における最終のまとめを、座談会という形式で行いたいと思います。われわれは、このプロジェクトを展開する最後の段階にあたって、第Ⅲ部の1.に掲載した北海道大学元総長である丹保先生のお話を受けたうえで、課題を議論したいと思います。

　皆様がご存知のとおり、丹保先生は財団法人北海道地域総合振興機構から『持続可能な社会を目指して』という本を出されております。続いて、人口100億人に向かう21世紀が「水の世紀」であるということを主張されており、これらの議論の中で、丹保先生としての持続可能な社会に関する可能性を提示されております。また一方で、サステイナビリティ学連携研究機構（IR3S）の出版物からも英文で持続可能な社会の展望に関する所論を述べられております。それらを概観させていただいたうえで、私の方から課題提起をさせていただき、その後で諸先生方からのご意見をいただきたいと思います。

　丹保先生は、日本列島の文明的な形成という点、特に江戸時代の人口が3千万から今日のように発展をしてきた要因を見た時に、経済発展だけでなく化石燃料、特に地下資源を浪費する形で成長を遂げてきたという点に着目しております。そして、この様式が未来に向けて継続することがあり得ないという点と共に、世界

中の都市人口が6割に達しており、肥大化した消費・生産システムが地球自身の持続可能性を欠いていく方向に進んでいると主張されております。

特に、エネルギー問題、水問題、食糧問題のいずれもがオーバーシュートしてしまうが、そのような現象は日本においても発生しているという中で、北海道は資源供給という観点から見ると、「食料の自給可能性」という視点から日本列島からの位置付けがされていると考えられます。しかし、そのような位置付けすらも場合によっては食料を生産するための問題、家畜の場合であれば飼料作物の供給があり、農作物の場合であれば農機具の問題があり、さらには栽培過程までのエネルギー収支までを考えると、北海道自身がなかなか自立しているとは言えないのではないか、ということがわれわれの研究(北海道大学研究班)では明らかになっております。その点から見た場合、丹保先生は、北海道自身が自立していく途というものが、日本列島全体が食料・エネルギー・炭素バランスといった面からの自立を遂げるうえでの先兵となる形を通して実現していく必要があるという想いを込めてお話をされているのだと私は考えております。

丹保先生のお話を受けたうえで、まずは梅田先生からこの研究プロジェクトの代表として研究をなさったことを中心にお話をいただき、そのうえで、各分担研究班の研究者である北海道大学の大崎先生、立命館大学の仲上先生に、それぞれ北海道における都市・農村連携の意味をお話いただきたいと思います。この際に、大崎先生にはサービス化していくことによって、いわゆる第一次産業が「第六次産業」になり得るのかというような道筋を含めてお話をいただきたいと思います。

左から、梅田靖、大崎満、盛国通、仲上健一

第Ⅲ部　都市・農村連携と低炭素社会のエコデザイン

また、仲上先生にはこの研究プロジェクトの中でアジア、特に中国との連携の中で都市・農村連携を成立させていくということに従事していただきました。しかしながら、中国の発展というものは、場合によっては日本を発展のパートナーとして選ばなくても発展可能な状況になってきております。そのような今日的な文脈も含めたうえで、国際連携の意味と変質という点をお話いただきたいと思います。

　　各先生にお話をいただいた後で、次の展開に移っていきたいと思います。

梅田　丹保先生が言われておられることについては、盛岡先生が取りまとめられたとおりだと私も思います。特に、地下資源を浪費し、使ってはいけない資源を使い潰して人類が成長を続けているという点に共感するところがあります。個人的には、その点とこの研究プロジェクトが実践してきたこととの繋がりがどれほどのものであるのかということが掴みきれていないところがあります。

　　まず、このプロジェクトでの研究活動について、お話をさせていただきたいと思います。このプロジェクトでは、都市と農村の有機的な連携が低炭素社会の構築に向けてどのような意義を持つのか、それが低炭素社会の構築に加えて里山や農村の復活や、経済成長が著しい反面、都市・農村間の格差が拡大している中国の中で、どのような緩和策としての意味を持つのかということを具体的なパイロットモデルを通じて明らかにすることを狙いとして、研究を展開してきました。そのミッションとしては、次のような2つのフィールドがあったと思います。

　　第一のミッションは、都市と農村の連携機能というものの科学的な裏付けを明らかにするということでした。また、第二のミッションは、連携が進展をして、里山や農村の復活などの低炭素社会とその拡大に貢献をする提言を行うというものでした。特に、第一の科学的な裏付けについては、トチュウにおける水土保全効果などのモデルがどの程度の効果を持つのか、といったことを多面的に示すこ

とができたという点で計画どおりの成果が出たのではないかと思っております。

そして、この活動を通じての結論を述べさせていただくとすれば、「直接的な二酸化炭素削減効果ということを持つ以上に、東京という巨大都市を別にすれば、地方都市をコンパクト化させ、農村と結び付けることが地域の有機的循環に結び付くだけでなく、それぞれの地域の安定かつ持続可能な状態を作ることに貢献することに非常に大きな可能性を持っているのではないか、ということについて具体例を伴って示すことができた」ことではないかと考えています。

次に、「都市と農村のエコデザイン」というタイトルをメンバーの総意で付けた意味についてお話をさせていただきたいと思います。この意味は、都市・農村の連携という概念が、その構造がどこまでなのかというシステム境界の曖昧さを有し、なおかつ幅広い問題に対して多用な要素を含まれている複雑系であるという点に起因しています。特に、私個人が持っているバックグラウンドからすると、とても扱いにくい問題構造でした。これに対して、エコデザインが持つ課題の大きさというものは、非常に課題の難しさを再認識させるものでしたが、その技法としては3つの点で具体的な成果があったと思います。

第一の点は、サブテーマ2～4(ST2は大阪大学、ST3は北海道大学、ST4は立命館大学)でそれぞれのパイロット・モデル事業というものをうまく構造的な理解をするためにモデル化を試み、その手法を提示することができたということがあります。第二の点は、第一の点を踏まえたうえで、システム構造を他の地域に展開する可能性やパイロット・モデル地域内でのある種の最適化というものを試み、結果を示すことができたということ。第三の点は、そのようなことによってポテンシャルを計算し、提示することができたということです。そして、これらの3点が都市・農村の連携を推進するきっかけに繋がると考えております。

盛岡　それでは、今の梅田先生のご発言を踏まえて、再度、議論すべき点を再整理したいと思います。丹保先生が言われたことを私なりにまとめたのですが、皆

様には理解しづらかった点があるかもしれません。そこで、この後でコーディネーターとして議論していただきたいことをいくつか申し上げます。

まず、サステイナビリティという言葉に対して、丹保先生は必ずしも万々歳的な受け入れ方をしておりません。言い換えると、サステイナビリティという言葉が持つ「継続性」、従来の部分を延長するという保守的な要素に対して、より変革を遂げていかねばならないという視点からのメッセージをお持ちであると思われます。

もう一点は、丹保先生が水の専門家でいらっしゃるということもあり、水は山に降り里に下って田を潤し、都市用水になるという視点に基づいたお考えをお持ちになっています。そのため、われわれは「都市・農村」という言葉を使っていますが、丹保先生は「都市・生産緑地・自然生態系」という3つの概念を持つべきであると主張されています。そして、われわれは「都市・農村」という言葉を使ってきましたが、農村は生産の場であると同時に、自然生態系を非常に幅広く持っているという構造に対しては、必ずしも明確な意図を持って計算をしてきたわけではありません。そのあたりの点についても、この座談会を通じて考えていく必要があると思います。

さらに、農村や田園地域が持っている大きな特徴は、太陽や水といった自然の恵みを持ち、植物が成長をして、それらが動物に繋がっていくという流れにあります。この中でも特に、植物資源を有効活用するということに対する世界的な関心の高まりがあります。われわれのプロジェクトにおいても、植物をエネルギー源として活用していく文脈で、バイオリファイナリーやアルコール回収で燃料化をするといった複合型の地域ということを想定していたわけですが、丹保先生はこれに対してやや懐疑的であると言えるでしょう。この点については、後に議論をしていただきたいと思います。

そして、しばしばコンパクトシティ等に代表される「空間スケール」の捉え方について、例えば「50km圏」というような表現もありますが、われわれのプロジェクトの場合には、都市・農村と言いながらも実は、「空間のスケール感」という点を具体的には表現しておりません。これについては、グリッド情報を扱いながらも、市町村の境界で物質収支等を語ってきたという視点があったと思います。それはガバナンスの面から見た場合には好都合かもしれません。しかし、自然科学的な視点から見た場合にはスケールの問題というものをどのように捉えたらよい

のか、という点でこの点に回答を出す必要があると思います。

梅田　詳細にご解説をいただき、ありがとうございます。私は個人的な見解を申し上げるならば、ローカルな範囲ではバイオ資源を投入してより安定化させるということが、個別の地域単位では可能かもしれません。

　ご指摘をいただいた空間スケールについては、研究段階でもあまり意識をしていなかった点だったと記憶しております。まさに行政区画という境界線をベースに考えていたことは事実だと思います。都市・農村連携というテーマは「かなりローカルなものであると同時に充足的かつ安定なシステムを組みましょう」ということが前提としています。しかし、それを「グローバルな視点から捉え直した時には必ずしも最適ではない」という結果が出ることは、十分にあり得ることだと思います。それに対するさらなる研究の進展というものは、求められることだと思います。

仲上　丹保先生の論文を読ませていただき、私としては次のような問題意識を強く受け止めました。つまり、「新しい時代に必要な新しい振る舞い」ということを真剣に考えなくてはいけないということです。「繋ぎ」としてのサステイナビリティというものはあるのだが、本当にそれだけで2050年が展望できるのだろうか、という丹保先生の問いはかなり先鋭化された問いかけだと言えます。この問いに対して、今回のわれわれの研究にあるような「都市と農村が連携をして、各々の独自性を保ちながらバイオ・ダイバーシティを考え、それぞれを見ていきましょう」ということをベースに、「仲良く連携をしていく」ような視点というものは、一見すると正しいのだが本当にそうなのか、ということが問われた時には、「深い」という視点だけでは回答が出せないと思います。

　むしろ、それよりも「本当なのか」というきっちりとした答をこのプロジェクトではまだ出せていないが、それを従来の国や地域といった枠組みを超えたところで何かをしないといけないということは確かです。そのようなスタンスで取組み

を展開してきましたが、振り返ると迫り来るエネルギー・食糧危機に対して少し光が見えたような気がします。そして、その時に見えた光というものが本当の光であるのか、ということで今回の座談会の主たるテーマとして「北海道の自立」という問題を盛岡先生が提起されたように感じました。

ですが、私としては丹保先生の原稿を読ませていただいた時に、「光を当てるためには従来のサステイナビリティの議論を超えた本質的な議論をせよ」というご指摘をされているような感覚がありまして、そのような意味ではこのような研究プロジェクトというものは、非常に意味が大きかったと思います。例えば、化石燃料を使わない方法という課題がありますが、今の化石燃料の2倍から3倍に価格が高騰するということが、嘘ではなくてかなり現実性が高くなってきた中で、北海道大学の大崎先生の研究が示されたように「シミュレーションを行ったらこのようになりますよ」というような方法で、「一つ視点から行った方法だが、同時にこれは答えであり、その時にあなた方は何をするのですか」という時にどのような振る舞いができるのか、ということが重要でないかと思っております。

盛岡 話に大崎先生の研究が出ましたので、先生に是非ともお教えいただきたいことがございます。先生は、北海道のトータルなバランスを示された計算を行われたとお聞きしております。そこで、その概要をここで示していただくと同時に、何が自立を妨げており、このプロジェクトでの研究の結果、自立の可能性が高まったのかということをお話願えますか。

大崎 私の研究では、基本的に現存する北海道の資源をベースに、それを荒廃させずに循環させていくという時間的なゆとりも含めて、例えば森林資源の有効利用、土地を守っていくこと、そのために化学肥料ではなく循環型の仕組みを作り上げていくということを計算しました。さらに、重要な点として気候変動、土壌環境や水環境が悪化している中で世界の食糧生産が今までのように右肩上がりで伸びないということがあります。

このような仮定とは異なり、石油資源は安く、どんどん使えるし、環境も悪くなら

ないというのならば、いろいろな無理をして持続可能な循環型社会を作ったとしてもペイしないので成り立ちません。ですが、やはり環境問題、特に気候変動問題をバックグラウンドにして具体的にエネルギーの価格が2倍になった場合に、循環型社会が成り立つのかということを試算した時には、エネルギーは主にバイオマスに頼らざるをえません。これは、エネルギーも先ほど挙がったようなアルコールにするのではなく、チップなどの形で直接燃焼を行うことによって電気や熱を得るということに使うと仮定すれば、木質バイオマス資源だけでも総エネルギーの25～30％程度を持続的に賄っていくことが可能です。これ以外にも小水力発電や風力等を加えていくと、北海道はかなりの部分のエネルギーを自立が可能である、という試算になっております。また、当然のことですが、北海道の食料自給率は現時点でも200％近くありますが、この持続的なシステムを維持していくとその200％の食料自給率の維持も可能となるということであります。

　食料について北海道は、これまではあまり加工をせずに本州に送っておりました。ですが、この食料加工によって2倍程度の付加価値が付けば、単純に申し上げると現時点で北海道が垂れ流している2兆円ぐらいの赤字をカバーすることが可能となります。そのため、エネルギー面の自立と併せて、食料でも稼ぐという経済的にかなり良い方向に流れていくことが可能であるという見通しを算出しております。

　それから、丹保先生の論文に関することですが、以前、丹保先生にIR3Sの本へ原稿をご執筆いただいた際に、実際にお会いしていろいろとお話をさせていただきました。その時に私が非常に印象的であったと感じたことは、やはり人口が増えすぎたということで、これについてかなりいろいろなコメントをされていることです。例えば、日本では少子高齢化で大変だと言っているが、逆に少子化した社会というものをむしろしっかりと設計できれば持続可能な社会が構築可能となるため、無理をして人口を増やす必要はなく、むしろ、少子化した時のモデルを考えたらどうなのかという点を強く仰っておられました。

　また、やはり丹保先生は水分野をご専門とされていたということもあり、先生自身が工学的に水をコントロールするということで、「自然を制御する」というような方向で次のようなお話をいただきました。それは、今までの主流の方法とは異なり、例えば山に木が生えていると保水力があるのでダムを造らなくてもそのような要素で動かすことができるという、新しい工学的な視点、言い換えると「自

然の力を借りた工学」のような方法が重要であり、それが生態サービスというようなものと結び付くので、そのあたりをしっかりと考えたらどうだろうかということです。

あと、植物に関しては先ほども盛岡先生が言われたように、エタノールのような、われわれは「エネルギー・プロフィット・レシオ」と言っているのですけれど、効率の悪いものを食料を媒介して作るということには大反対ですので、そのころのバイオマスはエタノールが中心でしたが、そのような使い方はいけないということでした。われわれとしては、食料は食料として生産し、遊休地、荒廃地や山間部の樹木なども活用したウッド・ペレットのような燃料によってバイオマスエネルギーを補うことを考えております。

最後に、空間スケールについて議論することはいろいろな意味があると思います。例えば、長距離の輸送ですと、現在は安いから船で海外から食料を持ってきておりますが、「それが成り立つ効率的な空間(距離)」というものはどの程度のものか、と問題があります。これについて、丹保先生は「50km圏内」であると言われておりました。やはり、われわれも距離、特にトランスポーテーションとその方法という点から地域でどの程度、コンパクトにやっていくのかということを考えることが重要であると思います。

盛岡　ありがとうございました。それでは、「第六次産業」のお話は後でいただくことにして、仲上先生から「国際連携」という形での先生のお考えとプロジェクトとしてのまとめに若干、触れていただけますでしょうか。

仲上　この研究プロジェクトの特色は、単なる日本国内のみにとどまらず、将来を見た場合に日本とアジア諸国、特に中国との連携ということがテーマとして入っていたという点では、非常に意味が大きいと思います。その意味のひとつは、日本を考える場合には、人口問題や食料・エネルギー問題も「停滞する日本」というイメージがあり、一方のカウンターパートとして考えた中国は「発展する中国」ということで、この3年間の研究期間の間でかなりの「ずれ」が見えてきたという点に求められるでしょう。

またその時に、「日本は未来を本当にじっくりと語れるのか」という問題があります。先ほどの人口問題や2050年問題にしても、マイナスの論点は見えてきますがプラスの論点はなかなか見えない状況があります。そのような状況であるにもかかわらず、中国の場合には「上海万博が成功した」、「北京オリンピックが成

功した」というようなことがあったうえで、「都市と農村の格差は大きいがそれに対応しよう」という話が成立している。このような中で、「都市と農村の連携」という言葉の意味が、研究当初は日中で共通していると思っていたのですが、数回にわたって現地を訪問し、データを収集し、分析をしていく中でそのような作業を進めていけばいくほどに、「日中の違い」というものがあるという印象が強くなってきております。

　それは、日本における都市・農村連携よりも、中国におけるそれは「都市の発展、農村の発展」というテーマで無い限り、良い回答にはなり得ないのだという認識があるということです。つまり、中国では"Win-Win"という言葉がよく使われますが、その心は「都市と農村の両方がWinでなければならぬ」というところにあります。これに対して日本は「労わりの社会」であり、全く逆の様式です。

　つまり、中国では「"Win-Win"でなければ解が見出せない」というような様式で、今回のわれわれの研究におけるエネルギー分析を例にすれば、エネルギーのパターンでも、農村部でバイオマスを投入し、大都市では大規模電力システムを投入し、その相互補完をするような形態でお互いに"Win-Win"を実現するのだという結果が導き出されています。"Win-Win"になるようなエネルギー・システムを考えればそれが答えであるという風に、ものすごく理解しやすいと同時に「そうだな」と納得しやすいロジックです。これとは反対に、日本の場合には、実際にバイオマスタウンなどがありますが、必ずしもそれらがうまくいっているとは限らないという現実の問題点が見えてきます。しかしながら、中国の場合にはそのような問題点が全く見えないというような特徴を、この研究を通じて私は強く感じました。

　また、上記のようなことを感じたことと同時に、「日本と中国の連携」というものが今までと大きく変容したと感じております。これまでならば、日本が優れた人材・技術・資金を持っていて、「このような日本と協力することによって中国は良い社会システムを構築できる」というパターンが通用しましたが、現在では全く状況が変わっています。既に中国という場には世界各国から資本や技術が流入しているという現実があり、ある意味では中国は「選択する立場」を強調し始めています。その時に、日本と中国の連携というものが従来の議論では不可能になった、今回の研究では非常に実感を強めています。

　しかし、この研究のひとつのまとめとして「広域低炭素社会」という概念を打ち

出そうと努力をしておりますが、私としてはそう簡単なものではないと思っております。少し具体的な異なる例を挙げれば、酸性雨だけでも日本、中国、韓国で連携をしていこう行政・研究者レベルの様々な動きがあります。ですが、そのような焦点がはっきりしているものでも上手に連携が実現できないというのが現状です。同時に、被害が中国で発生する原因が日本や韓国に確実に影響を及ぼすとわかっているにもかかわらず、全く対応ができない状況です。そのような中で、本当に「広域低炭素社会」をどのように構築するのか、という問いへの回答はかなり難しいと感じております。正直に申し上げて、研究開始直後には可能であると確信しておりましたが、実際に研究を進めれば進めるほど簡単に構築できるものではないという思いを深めております。

2.2 パイロット・モデルを通じて行った組織的な研究スタイル：その特徴と課題

盛岡　各先生方から話題を提供していただきました。大崎先生のお話に対しては、このセッションの後に各先生がお持ちのお考えをご紹介いただきたいと思います。その前にこのセッションでは、梅田先生から再度の話題提供をいただきたいと思います。梅田先生はこの研究プロジェクトの代表でもありますから、課題を出すとそれが回りまわって自分の所に戻ってくるという特性がありますので、強く明確な課題を出されなかったように思います。また、大崎先生や仲上先生は、分担研究者というお立場からそれぞれに他の研究チームに対するご意見もあると思います。そのような分担研究者との組織的連携という課題がありますので、代表者からのご発言という点では難しいところもあるとは思います。ですが、逆に研究を推進してきた代表者として、分担研究チームに対してこの点をさらに展開してほしかった、詰めてほしかった、またはもっと飛躍をした展開をやって欲しかったといったというような要望があれば、それを少しでも提起していただき、そこに対する大崎先生や仲上先生の回答をいただきたいと思います。

梅田　この研究プロジェクトが持つ最大の特徴は、「サブテーマごとのパイロット・モデルを通じて実践的な研究活動を展開した」という点に尽きると思います。各モデルは、個々に視点や対象とする課題、形式等も非常に異なるものであり、それらを全体としてどのようにまとめ上げればよいのかということが研究代表者

として最も苦労した点でした。そのため、外部の先生方から「まとめ上げるような方向でいくことが良いのか。自分の何かコアとなるものを持ち出すのでは？」というご指摘を受けたこともあります。

　私自身の率直な感想を述べるならば、中国におけるトチュウ研究や北海道自立等についても看板としては食い付きが良く、メッセージ性が高いパイロット・モデルを持ってきてくださったと思っています。それに対して3年間の研究期間を投入することによって、プラスアルファの成果をどれだけ積み上げたのか、という点をはっきり整理しておくべきだと思います。特に、われわれは一方に都市・農村という非常に地域レベルに特化した連携があり、その一方では国際的な想定のもとで低炭素化というグローバルな連携があるという構造的にはアナロジーだろうと思われるプロジェクトを開始したわけですが、そのアナロジカルな構造をうまく見せることができたのか、という点が非常に代表として悩ましい点でした。その点がもっと端的に説明できるようなモデルを見つけ出したいと思います。であれば、多くの苦労を強いられた「研究の落とし所」がもう少しは容易なものになったのかな、と思います。

盛岡　代表から見た場合には、どうしてもこのプロジェクトは難しかったという想いが出てしまうことは仕方ありません。ですが、もう少し言い方を変えてみれば、次のような2つのことが特徴として言えるのではないでしょうか。

　まず、第一にわれわれがパイロット・モデルという方式を選択することによって、日常においてわれわれが慣れ親しんでいる方法とは異なることを示すことができたということがあるでしょう。慣れ親しんだ地平を捨てて異なるところで結果を出せば、「おや？」っと思ってもらえます。確かに、慣れ親しんだごく普通のモデルを用いて、悩んでいることをそこそこにやれば良いのに、というという風に受け止められた方もいるかもしれません。また、もっとドラスティックにやるべきだというご指摘もあったことも事実でした。反省があるとすれば、あちらにもこちらにも気配りをしすぎるあまり、突出型の参照対象になっていないというか、極致としては結果を出しえていないということが言えるかもしれません。しかし、これについては仲上先生、大崎先生からご意見がいただけると思いますのでよろしくお願いします。

　第二の特徴としては、われわれが都市・農村連携のアナロジーの原点をマスバランスに置いたという点に求められます。マスバランスは良いが、問題は「マス

バランスの上に載るべき価値の流れ」をデザインしたのか、ということを問われることです。「価値のデザインとはこのようなものだ」とも言っていないし、「成果の積上げを行った結果、このような価値のデザインに到達しました」という点までも到達していないのではないか、という疑問を呈せられた時に、胸を張って「価値のデザインをこのように行った」ということを言えるかどうかという点が指摘されると思うのです。

仲上　本書に所収をされた北海道大学を中心とした研究においても、下川町や富良野市を巻き込んだ研究が展開できたということは、それ自体がひとつの成果であると私は考えております。従来の北海道の経済モデルや経済研究といったテーマを考えた時には、まずもって国に依存する様式があり、疲弊をしたうえに外部からのプロジェクトを投入してもなかなか成果が出ないし、もはや答えが無いという状況があります。そのような中で、そのような議論はもはや必要ないものであり、「内発的な発展」という主張をするだけでなく、炭素会計モデルやリサイクルのように、地道に規模は小さいものの一歩一歩実践していくことにしか光を見出せないし、そのようなことを通じて北海道の自立という問題までが語れるのではないかと考えております。そして、そのようなことは他の研究ではなかなか出てくるものではないと思います。例えば、中国でのトチュウの取組みは、正直に申し上げて劇的に良いと言えるほどの成果は出ておりません。ですが、長年の研究成果にプラスするように「現実の場」があり、そこにトチュウがひょっとしたら低炭素社会を切り開く光を当てるものになるポテンシャルを持ち、そのためのデータも組織的に整備し始めてきたという点で十分に意味があるものだと思っております。

　確かに、この研究を開始した当初には、梅田先生を中心としたサブテーマ１の研究チームが美しいモデルを構築し、そこにマテリアル中心の産業連関分析も行ったうえで、共通のデータを持った分析ができるというイメージがありました。しかし、イメージどおりにうまく事が運ぶというほど現実は簡単なものではなかったと思います。ですが、私はパイロット・モデルを用いたという考え方そのものは間違えていなかったと思っています。特に、当初に掲げた構想やフレームワークの中で、単独で展開が期待できるパイロット・モデルもあるし、パイロット・モデル自身にフレームワークが無くても少しずつ芽が見え始めてきたものも出てきたということを強く感じています。

大崎　「第六次産業化」の話とも結び付いてくるのですが、北海道がこれだけの資源を有していたにもかかわらず、なぜ自立できなかったのかということを突き詰めていくと、北海道自体をそもそも本州というか政府が自立させる気が全く無いということがあります。つまり、安い資源をそこから運び出せば良いという考えがあります。これは戦前と戦後に共通して言えることですが、石炭、木材、安い農作物、さらには水産物といったものがこの対象として挙げられます。そのために、基本的なインフラ整備は政府がやりますという話になり、税金が投入される。その投資はトータルとして赤字になっても良いのだが、その理由は安いものが得られるので、国家としては問題が無いのだというロジックに基づいています。

そして、北海道で高度な産業を育てるよりも、安い資源を持ってきて本州の産業を育てるということが国家の基本戦略となっています。そのようなことが今日まで続いているだけでなく、北海道のインフラ整備というものがかなり大規模に行われているために、巨大プロジェクトを展開するものの内発的な発展というものが全く望めない見せ場的なプロジェクトばかりになっているという現実があります。例えば、戦後の典型的な大規模整備というものは、1955年に始まった「根釧機械開墾地区建設事業」に見られるパイロット・ファーム事業なのですが、世界銀行の資金を入れて政府がそれなりの面倒を見るという形式を採ったものの、「農家自身が借金を背負う」という今日まで変わらない様式を生み出しています。巨大な資金を入れたとしても、それが見せ場のようになっては根本的な自立と発展には繋がりません。また、最近では自然の再生可能エネルギーが重要であるということで、国が何を支援するかというと、巨大なバイオエタノールのプラントを構築するものの、その効率が悪くて動かないという結果になっています。さらに、そのツケは地元の人々の借金となっているというような状況が現在も生み出されているのが現状です。

つまり、今までは官主導でその地域への適性等をすべて無視して、ただ単にお金を突っ込んで動かしてしまえ、という発想に基づいてきたと言えます。そのような意味では、われわれの研究において取り上げた下川町の例は従来とは異なる象徴的な例だと言えるでしょう。彼ら自身も言っていますが、基本的には国の資金を得て実践するようなものは駄目であり、ただ資金がどうしても必要なところがあることは事実だが、スタンスとしては「自分たちでとにかく回せるようなシステムを作っていきたい」というところにあります。そうすると、国の援助が無

くても炭素クレジットによる会計のようなシステムがうまくいけば、ボランタリー・クレジットのようなシステムの可能性というものが見えてくるわけです。

　この研究によってようやく、北海道が持ってきた根本的な欠陥を、富良野市や下川町等が変えていくというような面が出てきて、それをわれわれのプロジェクトである程度の解析をし、サポートをしながら協働作業を展開してきたということは、新しい取組みであったと同時に価値があったと思います。

仲上　そのような意味では、座談会の会場でもある北海道大学の中で議論をするのも不思議なご縁だと思います。かつて、クラーク博士が「少年よ、大志を抱け」ということでアメリカ型の農業を導入し、出世が望める者は東京に行くべきと主張したい様式と、今回の北海道大学の研究チームが試みたように、デンマークやいろいろな農業のあり方も見ながら小規模な島でも生き残っていけるのだという対案を出しつつあるのだと私は感じております。

　例えば、アメリカでは化石水が枯渇するだけでなく塩水化しつつあるという問題を抱えています。ですが、これは単なるアメリカの問題だけというレベルだけでなく、日本にも大きな影響があるわけです。それは、ほとんどが情報としては無いものの、ある面では科学者や研究者はそのようなことを把握しているということが確実に5～10年後には社会の表面に出てくるわけであって、その時には対応ができなくなるでしょう。そのような面では、小さな島で生き残る方式を採用しておけば、そこではグローバリゼーションの影響を受けないような生き方を選択する必要があるというような形で、どのように将来を生きていくのかというようなことを考えさせられるプロジェクトを実践したように思います。

盛岡　ありがとうございます。私からもひとつだけこのプロジェクトについて言及させていただきたいと思います。われわれは、このプロジェクトの中において「社会経済的分析」というタイトルを掲げ、これに特化する研究班を設けませんでした。ただし、可能な限り各研究チームが工学から社会科学に至る広い範囲で「それを誰が担うのか」、「それを成立させるためのファイナンスはどのようにあるべきか」という視点を含めて議論と研究を実践してきたことが、3年の時間を経過してひとつの結び付きを抱えつつあると感じております。それでは、この所見を本セッションの取りまとめとさせていただき、次のセッションに入っていきたいと思います。

仲上　最後に、一点ばかりよろしいでしょうか。このプロジェクトにおける「都

市と農村の連携」は、大阪大学の研究チームの梅田先生、盛岡先生、津田研究員が独自に整理をされて、従来の都市・農村連携という抽象的に考えられていたこの概念には、都市と農村だけでなくその連携を含めて従来の認識以上にいろいろなパターンが存在するということを明らかにしてきました。そして、連携というものはそれほど国によっても地域によっても簡単ではなく、その連携をこのような形で行えば良い方向もある反面、連携だけでは難しいことも多くあるということを明らかにしました。このような整理について、コーディネーターである盛岡先生はどのようにお考えでしょうか。

盛岡　この点については、本書において述べています。われわれ自体は、「業」というか産業の連携を考え、農業と工業や商業、さらにはサービス化していく農業の流れの中で考察を展開しました。また、空間的な連携というものを考えましたが、それ以外にも多くの連携のパターンがあるということを確認しております。例えば、資金循環というような問題を考えるうえでは、ファイナンスが非常に重要だと言えるでしょう。さらに、カーボンクレジット等もそのひとつとして重要でしょう。他方で、人材交流などの場合には人と人とをどのように繋いでいくかが課題となりますが、人の循環ということで見ていく必要があります。いくつかを既に「総論」において指摘しておりますので、この場において繰り返しとなることは避けたいと思います。

2.3　北海道の自立

盛岡　このセッションでは、大崎先生を中心に取り扱ってきた「北海道独立構想」について話題提供をいただき、議論をしていきたいと思います。コーディネーターとして北海道自立というテーマへの所感をまず述べされていただくならば、現時点では必ずしも北海道としての行政組織を巻き込んだ自立論というレベルには到達しておりません。下川町や富良野市というような、市町村レベルの議論であったと思います。例えば、この件について私は深い事情を存じ上げませんが、下川町には2年ほど前までにはかなり大規模な水力発電所構想があり、その構想をめぐって自然を損なうのでは、あるいは水力発電によって得られた電力が札幌のために使われるのではないのかという議論があったことを記憶しております。つまり、下川町や富良野市という圏域が持つ自立性というものが、一方では札幌

を中心とした人口250万人のエリアに対する関係性がどうあるのかという問題があり、札幌自体も場合によっては東京の政府中央との持続的な関係構築といった問題があるかもしれません。そのような意味で、「日本列島における北海道の位置付け」という問題と「北海道自体がモザイクのようにそれぞれが自立・連携していく」という多層的なテーマがあったように思います。このあたりを中心に議論を展開していきたいと思います。

大崎　われわれは、北海道全体のエネルギー、資金、産業連関表による分析等を行いました。その結果、段々とわかってきたことは、「北海道が自立していくための癌が札幌である」ということです。ここがすべてを吸収し、ある意味では赤字を垂れ流している諸悪の根源とでも言うべきところがあります。現在はそのような北海道の地方から札幌に行き、そのうえで札幌から本州へという流れになっておりますが、それを断ち切っていくということは、札幌が単なる「本州の出先」ではなく、北海道のキャピタルであるという自覚を持たないと自立はできないと思います。

　基本的に言えば、北海道の赤字の大部分は医薬品等の化学物質と工業的な機械類から構成されています。確かに、化学産業は北海道に無いのでこの分の赤字は仮に仕方ないとしましょう。ですが、札幌市の付近には6,000程度の中小企業が存在しているわけであって、専門にやっているところもありますが、それらの多くは新しいモデルがあればそこに移行していくことが可能な企業です。そうすると、われわれが札幌や北海道の産物を使ってそれらを加工し、高付加価値を付けるということは、札幌圏の中小企業、しかもあまり高度な機械を使わずに自分たちの企業間でサポートし合えるシステムを作り上げ、連携をしていくということが求められます。これは、北海道が言っている産業クラスターとは異なるものですが、われわれが提案するような「食のクラスター」を札幌市に作ることによって、札幌市自身が持つ負の効果をプラスへと転化させ、付加価値が付けば2兆円程度の赤字を埋めることが可能になります。

　札幌自身には、われわれが計算をした北海道全体の収支とは異なった政策を取っていただく必要があり、われわれも多方面にそのことを発信しております。しかし、非常に動きが鈍く、そのような方向で動いていくためには組織的にも巨大化して難しいという現状があります。ですが、新しい「第六次産業」を札幌市に構築するということは、北海道自立のもうひとつの鍵になると私は考えておりま

す。

仲上　独立なり自立というものは、意識の問題であると私は考えています。大分県の前知事であった平松守彦さんは「ローカルパーティーぐらいを作ってはっきりと言わないと問題にされない」ということで、「九州人による九州人のための九州人の政治」という考え方を打ち出したのですが、北海道の人にそのような意識があるのかということをお尋ねしたいと思います。本論から外れるかもしれませんし、難しい問いかもしれませんが、北海道では「北海道人」という意識はどのような形で展開されているのでしょうか。

盛岡　私の印象では、北海道の方は随分とご発言がおとなしいという印象があります。

大崎　開発を担当する役人の方を本州から来るという特性からか、「自分たちで」ということはほとんどありませんね。北海道独立論にしても、仲上先生が挙げたような大分の平松さんのようなように正面から切り込むというような方は少しはおりますが、それほど中枢の人が何かを打ち出すということはありません。やはり、あくまで植民地的、言い方を変えれば属国的な発想で長い間を経て今に至っているというのが現状です。

仲上　もう既に150年近くが経過していますよね。

大崎　言われるとおりです。そのような動きが体質化しているというところがあります。もちろん、北海道電力の元会長の戸田一夫さんのようにいろいろとコンソーシアムやデンマーク・モデルを導入しようという動きもありましたが、何よりも北海道経済連がそのように動いていかないという問題があります。北海道産業クラスター等もようやくといったところですね。ただし、それも国からお金を取らなくては動けないというスタンスではなく、自分たちのアイデアでできるところから変えていくというスタンスが必要だと思うのですが…。あくまでもお金が付かないと何もできないというところは、産業人自身の体質なのかもしれません。むしろ、下川町のようにそのような流れから来ているところで変革の流れを作っていくことが大事なのだと思います。

盛岡　そうしますと、大崎先生のご発言を梅田先生、仲上先生のお二人に受けていただくとすれば、北海道の自立と言った時に残りのところはどうするのだろうか、逆にそれぞれの地域はどうあるべきなのか、といった視点から考えていく必要があります。仲上先生の場合、かつて九州における独立圏構想等のお仕事をさ

れておりましたが、梅田先生の場合には北海道の自立という点についてどのようにお考えでしょうか。

梅田　私としては今、盛岡先生が言われたことが最も知りたいところです。北海道の自立というものは、モデルとしては非常に興味深く、面白いものだと思います。ですが、そのことが日本の残りのエリアや周辺のアジア諸国にとってどのように意味づければ良いのか、という点をお尋ねしたいと思います。

盛岡　それは、梅田先生から回答すべき点なのかもしれません。なぜかと言うと、片方は「自立する」と言っているわけですから、「残りの方はどうするのですか」となると、オールジャパンにぶら下がっていくという考え方もある。私の場合には関西に住んでいるために、関西というエリアが東京とは違うということを常に主張するのだが、結局は東京都と同じように「大阪都」を作りたいという発想に立つわけです。そこが二番煎じである感が否めず、異なった対置型の構造を創出するというわけではないという問題があり、常に悩ましいところなのです。そのような点で、梅田先生はどのようにお考えでしょうか。

梅田　少し考える時間をいただけますか‥‥。

盛岡　例えば、自立論では、あらゆる面で「自立」ということを追求するという点で大変な負荷を伴います。そのため、「私たちはこの面では供給サイドとして、他の地域にサービス・資金・人材を供給しています」、ということを明確にするようなアプローチをそれぞれの地域が取ってみたらどうなのだろうか、という側面はあり得ると思います。この場合、関係性ははっきりしませんが、調整は国民政府がいわゆる「地方交付金」というような形でやっている現状というものは如何なものだろうという意識が一方にはあります。このような論点からいかがでしょうか。

仲上　ひとつ疑問があるのですが、そもそも国の視点から見れば北海道が自立をして独立をしたい、ということになれば「どうぞ」と言われる可能性はありますよね。「良いのですか？」という点については、九州も同じであって、国が面倒を見なくて良いという点で良いと言われています。もし、そのような状況が発生した時に、「実はこれだけのプランがあります」と言えば議論になるのですが、下川町や富良野市だけの例だけでは説得力が無いと思います。そのためにも、先ほど大崎先生が言われたような札幌市の問題があると言った時に、もう少し何が問題であるのかをアピールしていく必要があると思います。例えば、九州の場合には、

中国や韓国との連携というものを強めていますが、その理由としては福岡にも中国や韓国の事務所ができ始め、実体を伴った連携というものができ上がり始めているのです。しかし、北海道ではロシアとの連携と言うと、それほどゼロではないものの国際連携よりも別の見方があるように感じます。あと、北海道の場合にはオーストラリアとの関係も深いですよね。

大崎　観光で来る方との繋がりというものが多いですね。そのような意味では、中国、韓国、さらにはロシアからも来る方がいらっしゃるので、観光産業というものについては、いわゆる「マス・ツーリズム」でないものを作っていくことがひとつの方策として重要であると思います。ただし、北海道が自立するということがある意味では外国との関係以前に、「本州との対等な関係」を構築できるか否かということだと思うのです。だから、先生が九州を例に言われたように「独立するからさようなら」というわけではありません。

　今まではお上がいて、そのお上が言うままにお金を使い、使い道が無いからインフラ整備をするといったことばかりに力がいっていました。その頃からこまめに地方をどうするかを考える機会があったにもかかわらず、マスタープランが存在しなかったのです。それは、中央には無いし、本来は北海道自身が考えるべきことなのにそれを担うべき道庁というものが本州の出先機関ですので、行政なりある主体が考えを変革することが可能か否かということが大きな課題としてあります。

盛岡　この点について私は丹保先生の代弁をするわけではないのですが、北海道自身がどうあるべきかを考える一番のポジションにあるのは、北海道立総合研究機構が作られてそこに集まった研究者や行政関係者のきわめて大きな課題なのだと思います。その論点あるいはわれわれが意識をしたことが、関係する社会集団にきっちりと伝わっているのか、そこが丹保先生からの問いかけであると同時に、逆にわれわれが答えられるのであれば、今後の連携なり次の研究の発展というものに繋がると思うのです。その点について皆さんはどのようにお考えでしょうか。

大崎　その点ですが、全く繋がらないと言えます。例えば、われわれの研究チームが富良野市や下川町に行き、共に研究をすると意識が共通し、お互いが有機的に繋がります。また、札幌市等にも行きましたし、道等とも随分と話をしておりますが、「それは素晴らしいことですね」と言われて上に上がっていかず、下に拡散してしまうという問題があります。結局、その点が大きな行政的には難しいと

ころなのだと思います。

　北海道のアクションプラン等を道でも持っていますが、それらのものというものは、われわれの研究チームが考えているものと比較した場合、非常に大きくずれたものとなっています。そうすると、それを修正することが今のところは不可能なのです。それらは5～10年計画のようになっていて、そこにわれわれのようなサステイナビリティを研究するメンバーが1人入ったとしても、全体の流れを変えることは現在の段階では不可能なのです。私自身も多くの取組みを通して、そのような印象を持っています。だからこそ、本質的にそのような問題に切り込んでいくためには、やはり新しい丹保先生ぐらいの方が新しいシンクタンクのようなものを組織して、切り込まないと動かないと思います。

仲上　以前に、北海道が中心の観光に関する基本計画を読んだことがありますが、計画と現実の差があまりにも大きいのに驚きました。例えば、北海道の至るところのホテルや商店街もかなり疲弊している状況にあるということは周知の事実です。しかし、計画を立てる人間はそれを知っているにもかかわらず、それを加味すると観光計画が成立しないために一通り理想的な観光計画を立ててしまおうというスタンスが読み取れます。

盛岡　ここで大崎先生からのご発言にあった、北海道自身が自立なり独立を遂げていくための鍵は、地域に存在する自然資源であり、エネルギーの活用にあるというところに立ち戻りたいと思います。このためには、一方でそれを求める人たちが需要サイドの顧客として成り立っていく必要があるでしょう。需要サイドが作られれば、それは北海道という単一エリアにとどまらず、買い手としての消費地が独立後の残った他の日本のエリアにおいて、北海道で作られた新鮮な農作物やエネルギーの価格を加味した正当な価格での購入というシステムを作っていく必要があります。この点について、梅田先生と仲上先生はどのようにお考えでしょうか。

梅田　北海道の自立について、大崎先生は「本州と対等な関係を作る」ことだと言われました。それは、われわれのプロジェクトにおける「都市・農村連携」という概念を通じて考えてきた都市と農村の対等な関係を作っていくことと同じ構造だと思います。ですが、結局のところ、その「対等」という概念の実体はどのようなものでしょうか。経済的な自立というという話もあれば、自主的な意思決定権を持ちたいという話もあります。もしくは、もっと他の地域からリスペクトしても

らいたいというものかもしれません。または、自分たちが行っていることについて正当な評価を得たいというものかもしれません。

仲上　それは、「自分たちが本州との依存体質を切られた時に生きていけなくなる」というもっと深刻な段階での考えではないのでしょうか。

梅田　そうだとするならば、「依存体質」という考え方が問題でしょう。例えば、北海道で自動車を作りましょうといっても無理な話であるということは言うまでもありません。だから、相互の供給関係を必ず作らないといけないということになります。そこで北海道が何を最大の「売り」として、言い換えれば提供資源として本土と交易をしていくのかということを、どのように考えていけばよいのでしょうか。

盛岡　そこに先ほどから大崎先生の言っておられた「第六次産業」というものがヒントとしてあるわけです。六次産業化した産業の出荷物を本州の人たちが正当な価格で買うことによって、北海道における第六次産業の形成に貢献できるということがある。それはどのようなものなのか。従来の観光でもなく、従来の北海道物産展に代表されるような交易とも異なるものです。それは何か新しい関係性を作っていくことを通じて、北海道を作っていくということが今回の研究プロジェクトで見えたように私は思うのです。

梅田　それはまさに「上手い組合せの妙」みたいなものであり、六次産業というものはまさにそのようなものなのかもしれませんが、「仕組みを作る」ということだと理解してよろしいですね。下川町を例にすれば、森林資源というきわめてタンジブルなシステムにカーボン会計というインタンジブルな要素を付加価値として組み合わせていることが当てはまるのでしょうか。

大崎　J-VER（森林認証に基づくオフセット・クレジット制度）に代表されるようなカーボンは、あくまでも自然の生態サービスを引き出す手段に過ぎませんし、それは必ずしも第六次産業を形成する決定的要素に成りえないと私は考えています。あくまでも地域が豊かになってくる、その一部にそのようなシステムで作った食品に付加価値が付いてくるということは考えられますが、それ自体はあまり大したことではないと思います。そうすると、やはり「第六次産業」と呼ばれるものは食品産業をイメージしています。つまり、農業とその加工に付加価値を与え、例えばレストラン等までをまとめて考えれば、観光等を視野に入れた新しい産業体系のようなものを作らないといけないというイメージです。

ひとつの例となるモデルを挙げるならば、オランダのワーヘニンゲン市に「フードバレー」という所がありますが、個々の細かい技術に長けた小さな食品産業が集まった場所があり、ある企業がこのようなものを開発したいと言うと、個別の技術を持った企業が集まって皆で分析を行いながら作り上げていくシステムが成り立っています。われわれも六次産業化を行うということを考える時には、具体的に札幌圏にある中小企業をうまくいろいろな得意分野ごとに集めてフードバレー的なものを作っていく必要があります。しかし、今まで自分たちでそのようなものを作り、育てていくという気が無いからバラバラに勝手にやっては本州に負けてしまっているのですが、税制優遇やいろいろな方法を使えばそのようなコアができ上がってくるのではないかと考えています。つまり、フードバレーを作っていくということが、一種の六次産業の具体化ということに繋がっていくと考えています。

　さらに、農作物を作るうえで自然エネルギーを使うことや有機物で循環型農業を展開していくことで、そのことが「食の安全」というイメージに繋がっていきます。そのようなことがさらなる価値の連鎖を生んでいくと考えられます。例えば、下川町の場合、ハウス栽培でトマトを作っているのですが、冬も石油を使わない木質バイオマスによるペレットで熱をとって冬の北海道からでも逆に作物が出て行くということが可能です。やはり、安いエネルギーを自分たちの所で確保できると恐らく、いろいろなことが持続可能となるのだと思います。

仲上　最後に、北海道のイメージということに触れておきたいと思います。北海道のイメージはとても良いと思いますが、例えば、九州と北海道で海外に観光の広報戦略をかけた場合には、北海道の5倍程度のコストをかけないと九州は効果が出ないという経験があります。中国やオーストラリアの人々は、九州に行こうとは思わず、やはり北海道に行こうというと思ってしまいますが、逆に、そのような特性を上手く活用していくことが重要なキーポイントとなるのではないでしょうか。特色を出し、それを活かして富良野市や下川町はこのような所なのだ、というイメージ戦略を展開していくことにより、札幌市の生き方に反省を与えることができるのではないでしょうか。

2.4　東アジアにおける低炭素社会構築の与件の変化

盛岡　このセッションでは、仲上先生の問題意識を述べていただいたうえで、議論を展開していきたいと思います。仲上先生の関心は非常に幅広いものがあります。最初にご説明をいただいたように「都市・農村連携」と言うが、もうひとつの軸として「途上国・先進国の関係」というものがあるのではないのかというものでした。途上国と先進国の関係という視点から見ていくと、東アジアにおける構図というものが大きな変容を遂げつつあるということが言えると思います。われわれの研究プロジェクトでも、初期段階ではエネルギーを例にして述べるならば、CDMの変形バージョンによってコベネフィットが発生すると考えられたが、実際に研究が進展していくとそのようなものではとても東アジアを結ぶ構造というものは作れないという結論に達したわけです。そのようなことも踏まえたうえで、現時点において国際互恵関係がどのように構築しうるのかということをお聞きしたいと思います。

仲上　資源・エネルギー問題というものは、単なるエネルギー問題というレベルにとどまらず、最近では「国家間の緊張関係」という要素がかなり表面化しているということがあると思います。そのような意味では、東シナ海のエネルギー問題などが研究開始時の3年前と比較するとかなり緊迫しているのですが、その背景には中国の経済発展と人口増加もあると見ることができます。そのような視点に基づいた場合、この研究のひとつの成果は、農村部領域がそれぞれに分散型エネルギーを導入し、さらには大都市と連携することによって、ある面では二酸化炭素の削減でもそれなりの効果が出るというような研究分析結果は整理ができております。しかし、現在ではそのようなことが実際に日本との協力によって可能であるのか、ということが新たな課題となっております。従来ならば、日本がバイオマスなり、新しいエネルギー・システムを持ってきて導入し、それによって中国が技術を購入し、それを普及させるというようなパターンが成り立ったと思いますが、既にそのようなパターンが崩れてしまったと思います。

　そのひとつの背景がどこにあるかと言うと、日本製品の価格が高いということがあります。ドイツの製品と比較をしても3倍以上は高いのです。中国の場合には、世界各国を比較した場合に、日本やドイツから技術を学び、最後は独自の開

発をした場合には費用が10分の1ぐらいになってしまう。そのようなものがかなり普及をし、かつ日本と異なって高い品質を求めているわけでもなく、停電なら停電でも良いと割り切ったものづくりをされてしまうと、市場における競争そのものが成り立たないという問題があります。このような点から考えると、従来の国際連携というパターンが変わった場合に、私が最も関心があることは、「東アジアの低炭素共同体」等に代表される「共同体」という意識が醸成できるか否か、ということです。

　つい5年ほど前には、九州・韓国・中国との間で「環黄海経済圏」を発展させようという共通の認識がありました。しかし、互いの成長の度合いに変化が生じ、中国、韓国が発展する反面、日本が発展をしないということによって、ある面では共同体の発展条件要因が減少してきました。そのような中で、かなり曖昧な「低炭素社会を作りましょう」といったことや「環境共同体を作りましょう」といったことは、この研究プロジェクトの場合、ひとつの村の小さなエネルギー分散システムについては言えたとしても、そのことが国際的な資源循環における廃棄物の再利用という視点を例にした場合にも、法律がひとつ変われば日本の廃棄物が入らなくなるなど、制度が常に変化を遂げていく中で、日本としては何を言えばお互いの共通の場とテーマが発見できるのかが難しくなってきたというのが実感です。そのような面から言うと、今回の担当をした研究では、初期からCDMや竹がどうだとかいろいろと試みたのですが、そのようなことよりもシステム分析そのものの意味が都市づくりそのものにどれだけの貢献をするのかということを、はっきりとシステムだけのレベルではなく、対象としたエリアで物を実際に作り、それを実証して生活が良くなったことを証明してくださいということが求められています。その点が、日本の研究スタイルと中国の研究スタイルのかなり異なる点であると思います。今回、そのような異なる点を乗り越えながらあえて多くのシンポジウムなどを展開してきましたが、パイロット・モデルの対象となった湖州市でも今後はそれまでの研究スタイルを展開することが容易ではなくなると思っています。

盛岡　　その点は非常に難しい論点ですが、まずは梅田先生と大崎先生にコメントをお願いいたします。

梅田　　第一に、発展のスピードが違いすぎるということが、関係がうまく構築できない大きな理由ですね。例えば、日本のメーカーは中国における低炭素社会構

築なり持続可能な社会構築といった事業に駆り出されていろいろなものを提供しなければならないという状況にあって、非常にネガティブになっていますね。その点については、中国の成長が落ち着くまで待つ必要があると思いますね。

盛岡　それは待つというより、鉄鋼生産の前年比率が10％から6％、3％というペースで落ちつつあるところから既に見えているのではないでしょうか。セメントも同じ傾向が見られるだけでなく、肥料も同じ傾向を示していますから、「マスとしての生産の伸びの飽和」がそのような基礎的な物質から始まると思います。問題は、それが次に高次産業に向かうだけでなく、同じインフラでも高度なインフラ、特に情報系等に行き、日本が経験したような後期の高度成長が飽和に向かうまでの移行過程があり得るということですね。

つまり、物財経済は既に飽和状態にあると思いますが、まだまだ情報系を含めた経済や高度な製品については成長の余地が十分にあると思います。そのような時に、日本がどのような立ち位置で低炭素社会を求めて作っていくのかという点について、私もこの研究プロジェクトの半ばあたりから悩み、今までのやり方では通用しないということを実感してきました。しかし、その次をどのようにして築くかということの議論が必要だと思います。

何故、このようなことを申し上げるかと言うと、中国の成長が続く期間というものは諸説があるようですが、恐らくはあと10年であるという説もあれば、10年も続かずに5年で終わるという説を唱える方もいらっしゃいます。しかし、私の見解ではあと5年ということは無いとしても、10年後の2020年というところを中国の高度成長の終焉として見据えておく必要があると考えている。その時に、彼らが直面するであろう課題のいくつかについては、中国側も賢いので既に手を打ち始めていることは皆さんもご存知のとおりです。例えば、都市・農村の軋轢を防ぐためには双方を開発していくことが良いということで手を打っています。われわれの研究プロジェクトが対象とした湖州市ですらも、決して農村を開発しているわけではないのです。明らかに、工業系の開発によって得た利益の分配・再配分機構を作っているのです。その点では日本は不十分であったためにいろいろな問題を起こしてきたわけですが、そのような点については、中国の人々は日本の成功も失敗も見たうえで進めている側面もあるのだと私は考えています。さらに、その次に中国のビジネスで関心が持たれているトピックは、医療や高齢化対応等があります。

仲上　水ビジネスもかなり面白い局面に来ていますね。

盛岡　言われるとおりですね。特に私から見ると、水ビジネスは先ほど述べたものよりももっと面白いと思います。既に、アフリカ等でも中国が大きく動いており、その強さはなかなかのもので太刀打ちが難しいところもあります。ですが、その中でも対等な関係を築いていくために日本の持っている科学技術の援用等で何かできないかということを模索しております。

仲上　日本でもエコタウンや新産業都市等を構築してきましたが、それらはある面から見ると、経済成長の発展と共に出てきた都市モデルだという背景があります。中国もやはり天津地域や大連地域でもいろいろな低炭素型都市の開発を試みていますが、その方法、スピード、能力と規模がとても高いと言えると思います。そのため、「日本から学ぼう」というスタンスよりも、「自分たちで情報を集めてできる」という中でこの研究プロジェクトなどに何が議論できるのか、または何も無いと見るべきなのか。道路を作って植林をしただけでは意味が無いのです、というようなネガティブな言い方は通用しません。彼らからすれば「はっきり言ってくれ」というスタンスが強い。例えば、「木を何本植えれば良いのか」といったような問いですね。

梅田　きわめて形式知的な物の言い方をするということですね。

仲上　ところが、日本の場合には、形式知的には物を言わないのですが、暗黙知的には情報があるわけです。ただし、それらは暗黙知という形態であるものだから普段は何も言わない。そして、言わないから意見が無いのだという風に思われつつあるような雰囲気が醸成されつつあるように感じます。かつては、落ち着いたところにポロッと良いことを言うと「すごい」と思われたものですが、そのような時代ではなくなってきたというように思いますね。

　だから、そのような側面からも共同体というものができるかどうかが微妙というレベルを通り越して、かなり否定的な面が強くなっています。とは言えども、日中韓の環境大臣会議も14回ぐらいは開催しておりますし、一方で努力を重ねていることも事実です。

盛岡　先般来の領土問題に関する議論がある中でも、東京で開かれたエネルギー・環境日中パートナーシップの会議は非常に盛況であり、日本の企業は各地域でモデル事業を行うとまで宣言をしています。そのような意味での民間の繋がりは、ビジネスベースで進んでいくと考えております。それはまた中国としても望むと

ころであり、ビジネスは利得を取り合う関係として進んでいくのは良いのだが、そのような状況下でわれわれのプロジェクトが考えたシステムはどのように活かしていけるのでしょうか。例えば、会計システムをユニバーサルに展開することができるのか、下川町が考える炭素会計ではわれわれも物質収支を測定しようと試みた。中国は、今から5年前の初期段階では、そのような循環経済のマテリアル・フローを計算する仕組みを実現できていなかった。循環経済を構築し、各自治体でやるようになった。同じように農村部に関しても統計をとっていく体制が整っていくだろう。その時に日本が持っている統計を駆使した将来に対する見通し等を作り、予測したり、地域社会におけるボトムアップ的な意識決定プロセス等は現時点の中国の政治体制から見れば合わないとは思うのだが、向こう10年先を見据えた時には、彼らの社会が成熟化を遂げていく中で、それが場合によっては通用する方向に向かっていくことは間違いないと思います。特に、現在のようにトップが一言言えば済むという社会ではないと思います。

仲上　その意味では、この研究プロジェクトを通じて中国においてデータを得ることの難しさというものを、われわれは身に染みるほどに経験しました。ところが、今回の研究における下川町の例においても、炭素会計がたった3,000人の町でもできるということが、大きな意味を持っていると私は思います。変な話ですが、中国の200万人単位の都市であってもそう完全なデータがあるわけではないのです。

盛岡　そうですね。ですが、無いけれども腕力で実体を作ってしまうということが今の中国にはあると思います。目に見える物を作ることにより、データの不足を補うというのは一つの特徴ですね。

仲上　あと、このセッションの趣旨からは外れるかもしれませんが、日中の研究スタイルの違いというものも大きな影響を与えていると思います。中国の例を挙げると、浙江大学の30名近い先生方が湖州市に3年から4年に定住し、1人が1研究所の所長になり、280〜300のプロジェクトを展開しています。そこで成功すれば浙江大学に戻って出世をするというモデルがあるのです。これと比較して、日本では出世モデルというものがありません。アカデミックというものはある意味で出世を否定すると言うか、目の前にぶら下がったニンジンのようなものが何も無く、ただ単に「学問のため」と言いながら現実社会を求めるのに、何を何のために研究しているのかという問いに対して回答を出す時に、純粋にアカデミック

な研究とは少し異なった現実と接点を持つ研究であるにもかかわらず「あなた方には何の欲望も無いのか」、ということについてこちらが答えを持っていないと、中国側も相手のしようが無いということがあるのかもしれません。

盛岡　その種の印象はあるかもしれませんね。ですが、われわれの研究プロジェクトにおいても、例えば大崎先生の方で下川町、富良野市を中心に地域に関する若手の繋がりができ上がり、そして若手研究者が学位論文を書けると同時に、実体としての地域が変容していくのを体験できたということは、非常に重要なことだったと思うのです。

大崎　炭素取引のCDMに関することなのですが、ご存知のとおり、中国等は京都議定書に入っておりません。そのお陰のメリットと言うべきか、古い工場を日本に修理してもらってクレジットを得られるうまみを味わっています。中国は黙っていても工場が新しくなるといううまみを味わっているのですが、最近はスタンスが少しずつ変化してきており、「いまだに自分たちは発展途上国だから京都議定書には入りません」というスタンスだったのですが、これまでのように貪欲にクレジットを取ってくるという傾向が減ってきたように感じます。そのため、炭素会計等で最も大きいものは、中国よりも熱帯の植物を持つ国々でREDD+（森林からの温室効果ガス排出削減＋炭素ストック）のようなメカニズムを本格的に考え始めています。

　これについては中国も天津で国際会議を開催しており、前向きにはなってきております。いずれは何らかの形で議定書に入るような形態でREDDに入るような、現時点では中立的ではあるものの新しいスタンスを取りつつあると感じております。また、REDD+は今度のCOP16でも話し合われるのですが、CDMが工業的なものがほとんどである反面、生態系にこれを適用する面では失敗をしております。既に民間も投資を控えており、行き詰まりを見せております。そのため、このような状況を打破するためには、REDD+のような幅が広く、ある程度は緩いものを作ろうとしております。

　REDDは伐採と森林の劣化だけでしたが、＋が付与されたことによってそれを再生してもよいということになりました。現在はCDMもその中に入れてしまってもよいという流れになりつつあります。もう少しルールを緩和させることによって適用させようということで国際交渉が進んでおりますが、それもうまくいかなかった場合には国際認証すら取れれば問題が無いという発想に行く動きす

らあります。まさに日本における J-VER 等はその良き例であって、国際認証に基づいてやっているため、REDD や CDM でなくてもカウントしていくという流れになっています。今では2国間の話が主流になってきており、熱帯林等を中心に、アメリカは京都議定書の枠に入っていなかったのですが、「バイラテラル」ということで国際認証を得なくてもインドネシアやアフリカと動き出すという傾向が既にあります。

　つまり、段々とこの種のシステムが国際認証を得なくても動き出すという傾向が、活発化しているということが言えると思います。インドネシアのグループともワークショップをつい先日まで行っていたのですが、日本大学の小林紀之先生に J-VER のシステムを説明していただき、民間レベルで勝手に進めても良いのではないかという話にどんどん進みつつあります。そうすると、中国等も政府がやらなくても J-VER のようなシステムが民間レベルで動くように思えます。そして、そのような意味では下川町の事例というものは、意外と世界における重要な動きの部分をテストしているようにも思えるのです。

仲上　日本の経済産業省や環境省においても、毎年、基準が変わっていますからね。そういう流れになると、あまり厳格なものが言えなくなるような風潮になることも予測されます。

大崎　逆に、かなり雑にやってもかまわないということになるかもしれません。その分は、国としてカウントをすれば良いということになり、国際認証機関が認証すれば別にかまわないという流れになっています。CDM も国連が認証しなくてはならないというところで、にっちもさっちもいかない状況に来ています。

盛岡　その一方で、京都議定書の大きな枠組みでは難しいところがあるし、できるところから少しずつ移行していくという動きがあるでしょう。

2.5　オーバーシュートを如何に回避すべきか：容量限界への処方箋を求めて

盛岡　このセッションでは、コーディネーターである私の問題意識を中心に議論を展開したいと思います。一言で申し上げると、丹保先生は早い時期からマルサスの人口論もそうであるし、人口問題を1億3千万人ではなく、7千万人の安定化した段階で歩んでいく道を日本は考えるべきであると主張されております。ま

た、これを含めて1970年代に2人の研究者と共に「環境容量」という概念を早期に出されたこともあって、容量限界というものに学者は皆、気付いているともみなせます。そのことについて如何に精緻にインバランスを描き出したとしてもそれはもうわかっていることであって、逆に、われわれの世代に対しては容量限界に達しているということでしっかりとした処方箋を出せたのか、ということを丹保先生は言っておられるように感じます。その点についてわれわれ自身は、都市と農村を連携させれば今よりはオーバーシュートの度合いを少なくなりますよという程度のことは言えたのかもしれないと思います。ですが、基本的なオーバーシュートの基本構造は変わらないと突き付けられた時に、皆様はどのような回答を出されるでしょうか。

梅田　オーバーシュートの基本構造の問題は、やはり第二次産業にあると思います。

盛岡　地下資源を大量消費してそれを資産化し、バブルな構造を作ったというものですね。

梅田　主要な要因が大量生産的な構造にあると私は考えております。

盛岡　ということは、農業社会なりが生み出した過去数千年の歩みに比べて、工業化社会の生み出した害毒が強いということですね。これについては、工学なり産業の製造業分野が責任を取る必要があるということですね。

梅田　都市・農村連携問題とは距離がありますが、個々の産業ごとにエコデザインをしていく必要があると思います。少なくとも、エコデザインはユニバーサルだと思います。

仲上　ますます都市が巨大化する時に、中国ならば天津が環境を軸にしたり、マレーシアならばクアラルンプールも環境都市づくりを改変しようとしております。そこで日本を振り返ると、切込みと言う点から見れば札幌も問題があるということはわかったが、「このようにせよ」というところまでわれわれの研究プロジェクトは到達していないように思います。だから、都市と農村の連携から言えることはここまでであって、外から言うよりも中に入って「あなた方はこのようにしないと実際には加害者に近いのだよ」ということをやるのがエコデザインではないかと私は考えています。つまり、「連携」プラス「中身」ということ、本体に迫る必要があるということです。

盛岡　それは例えば、資源経済学を採るか否かは別として、更新性資源に立脚を

した社会経済を作っていくということであれば、更新性資源そのものの成長速度を内部で調整し、ある種の豊かさというものを内部で作り出していくということで、農業社会を規範としたシステムとルールを実現できるかもしれません。しかし、非更新の財を使って地下経済を表出化させ、そこから利得を得ていくというところに踏み出した産業革命以降、特にここ数10年間の社会経済システムをどのように変革していくかということは、別途のより難しい課題となっています。ある種のエコなデザインを二次産業を対象にしたパイロット・モデル等も時には作ったり、普及をさせたりすること等の試みが行われています。エコインダストリアル・パークやエコ・エフィシエンシの世界です。しかし、われわれのプロジェクトに焦点を置く限り、産業社会そのものの変革を描くには至っておらず、課題と方向性を確認をしたに過ぎないという感は否めないと思います。

梅田　大阪大学における「サステイナビリティ・サイエンス研究機構」(RISS) は、まさにそのためのテストだったと思います。

盛岡　この場合、直接的にはRISSのことではなく、都市・農村連携における都市側のリストラクチャリングや根幹的なイノベーションの道を作り出すことができたのか、ということです。完全なものでなくても良いのです。ある種の将来に対するデザインが展開できそうなのか、現在、考えていることはあくまでも需要者としての都市であってコンシューマーとして捉えることが中心です。そのため、持続可能なプロダクションについてどのように考えたのですか、という問いを受けたら、回答を出さないといけません。

梅田　われわれのプロジェクトでは、都市・農村連携と言いながら結局、農村をやることによって外堀を埋めたような形になりました。コンシューマーというか資源の要求元としての都市は設定しましたが、都市の中身に関する話というものはほとんどしておりません。

盛岡　逆に言えば、恵まれた太陽光を用いて既存の工業生産システムをすべて変えていくということをベースに、太陽光で加工したものでない物づくりシステムを点検していくことを進めたことは無いわけですよね。

梅田　それはありません。

盛岡　となると、結局は毎年、効率を改善していくしかないという程度のものしか示せないわけです。だから、もし、自然資本に依拠した経済に移行しなくてはならないのならば、製造業もそれに向かって変革せねばならないということを仮

説として持った場合にはどうだったのだろうか。このような究極的なエコデザインを実践できたのかということを問われたら、答える必要があると思っています。

梅田　私個人の研究では、製造業を対象としてそのようなことをテーマにしています。サステイナブルな製造業というものを、シミュレーションなどを通して、シナリオとして具現化しています。具体的には、絵に描いてそれがどうなるかを評価するという方式でやっていくしかないと思っています。その際に、例えば太陽ベースのエネルギーしか使わないものづくり産業もありますし、化石燃料ゼロという社会がどうなるかということは、研究テーマとしてはやっている人もサステイナビリティの文脈ではそれなりにいるとは思います。ですが、それをこの研究プロジェクトで行うとなれば、かなり毛色の違う研究を行うことになると思います。

盛岡　先生方の間で、いろいろなご意見があると思います。仲上先生、如何ですか。

仲上　確かに、「連携」に関する議論には不十分な点もありますが、都市の中身にはまだ切り込んでおりません。だから、入っていないのに都市のことを言えるのかということを問われた時に、盛岡先生のご専門ではおやりになっているかもしれませんが、「やっていない」という事実と「知っていない」という事実は違います。そもそも、都市というものもそれなりに生きていく必要があります。

梅田　ですが、まずはこの研究プロジェクトの結果として、農村としてのポテンシャルがこれだけあるのだ、ということが言えただけでもひとつの成果であると思いますが・・・。

盛岡　例えば、J-VERでもよいのですが、炭素をクレジットとしてオフセットして買いますよとなると、都市におけるエネルギーのスコープというものを設定して、それを遣り取りの中に位置付けていく点ではそれなりに考えてきたと思います。もう一方で、北海道の農産物の価格が正当に付けられて購入しますということになると、当然ながら北海道から旬の野菜を買い付けるということではないのかもしれない。旬の野菜は、それこそ異なる地域の50 km圏内で購入するしかないかもしれません。そのような圏域構成の都市を同時に作っていくということを宣言したことを含めて、都市が構えるスタンスの向きだけは作っておく必要があります。これについては、最終的な研究の提言に組み込む必要があります。

大崎　許容量の話ですが、丹保先生は人口をもっと減らしていくべきだと主張さ

れています。殺すわけにはいけないので、自然減というものはむしろ歓迎すべきだという話だったと思いますが、その際に考えなくてはならないことについてです。実は、われわれの研究している北海道モデルの中には、人口減少を要因として入れており、2030年に0.8ぐらいになった時にどのようにしたら良いのかということを真面目に考えてきました。そのうえで、ヒントとなったことは、小宮山宏先生が提唱する「プラチナ社会」に関するプレゼンテーションの中で、男性を例にすると仕事が終わって何もやることが無い人ほど介護が必要になって死に、定年後もやることがある人ほど元気に生きてパッタリと死ぬという傾向を示したグラフを示してくださっていたことです。そうすると保険もかからないと同時に、地域社会にも貢献をしてくれるという点で社会に利益があると思います。

　現在、私たちも下川町と話をしておりますが、「都市の人々が住んでくれる環境とはどのようなものか」ということで議論をしております。若い頃は「生きがいのある町」なのだが、お年寄りがそこに来てから死ぬ時に「ああ、ここで死んでよかった」と思える「死にがいのある町」が課題になると思っております。

盛岡　最後のステージを楽しめる町ということですね。

大崎　伊達市がそのような中長期滞在型のモデルハウス等を作っていますが、人もそれなりに入っています。冬は寒いから戻るといったケースもありますし、全期間にわたって居るわけではない。だけど、中長期にわたって滞在してくれる人たちをケアする設備が必要となり、若い人たちが入り、産業ができ上がってくるということがあります。だからこそ、「死にがいがある町」というものがこれからは重要になってくるのだと思います。結局、それで人手が都市から入ってくる可能性があるわけですから。

2.6　まとめ

盛岡　いよいよ最後のセッションとなりましたが、最後にコーディネーターとしてお尋ねしたいことが、政策提言というところに繋がってくると思います。これについて先生方からお話をいただいたうえで、私が総括というような形でまとめをしたいと思います。私が使っている「モデル」や「パイロット」といったような言葉に関連付けて最後にまとめようと思っています。まずは、先生方から政策提言の話をお願いいたします。これは具体的に、「エコデザインとしての政策提言」と

いう言葉で位置付けられると思います。そもそも、われわれのプロジェクトで取り組んできた研究は、研究としてもパイロット・モデルであったと言えます。そのため、枠組みを示すことによって、今後に続く人たちがわれわれの研究を参照対象として受け止めて欲しいということがあると思います。われわれは、学術世界と実践の場を往復しながら悩み続けましたという面もあります。それが成功例か否かという問いもあるかもしれませんが、そのような往復の過程自身がある種の学術態度として必要であると個人的には思っております。

梅田　政策提言というものは、どこからどこまでの幅かということは、その人によってまちまちだと思いますが、パイロット・モデル等を通じて重要だったことは「価値のバランス」であったと思います。われわれの研究では、いろいろな分析ツールを通じて会計を含めたマテリアル・フローを追えるようなモデル構築を行いました。それをオペレーションすることによって、係数上の話ができることを示したのですが、そのマテリアル・フローにどのように価値を載せていくのかという難しい課題であることをよく痛感させられました。

　どのように価値を載せていくか、という点については、いろいろなものをシステムとして組み上げていくこと、そこに必要な鋭いものの見方というものが重要になると思いました。つまり、物の流れというタンジブルなものとそのうえで制度設計なり新しい価値を生み出すというインタンジブルなものとをうまく組み合わせて、システムとして提供すると価値が生まれるのだと思います。特に、このプロジェクトでは「一般化」を狙ったところが強かったのですが、本日の議論に挙がった北海道モデルにおける下川町等の事例では、かなり「個別化」に特化をしており、その方が価値が見えやすいと思いました。一般理論に持っていくところには限界があり、個別化に特化したアプローチを持ったプロジェクトを今後、継続的に行う必要があると感じました。

大崎　われわれの「自立的なモデル」というものは、皆さんにお話をしてきましたが、その根幹は「第一次産業は複合型でなくてはならない」ということにあります。単発型ではいくらやっても限界があるということです。また、もうひとつの提言は「第六次産業化とそれによる加工の高付加価値化」ということです。これは、札幌圏の中小企業を中心に新しい産業構造が作れるかを考えていく必要があります。

　あと、下川町の事例を通じてわれわれが学んできたことは、国からのある程度の援助は必要ですが、巨大な投資をベースとしたものはことごとく失敗をしてい

るということです。だからこそ、「内発的発展」のように自らやるのだというモデルが重要であるということがわかっています。また、もうひとつの提言は、人口が減少した時に「生きがい」のある、「死にがい」のある町というものがどのようなものであり、様々な年齢の人々が共に暮らしていくことがどのようなものであるのかということを明らかにしていく必要があります。そのため、今後は単に産業を複合化させていくだけでなく、人が住めるということがどのようなものかということをさらに出していきたいと思います。

仲上　われわれのところでは、中国の湖州市を中心にエネルギー・システムの最適化に焦点を絞って研究活動を展開してきました。その結果として言えることは、ひとつの都市と農村の連携において、温暖化対策の方向をこのようにしたら良いですよという、日中双方に対する物を言えるような結果が出せたということで、「分散型」という一般論ではなく、どのような組合せが効果的かということを明らかにしたことがあります。

　さらに、国際互恵、戦略的国際互恵というものは今から3年ほど前に出てきた言葉なのですが、それが本当にできるのかということを検討したことがあります。つまり、互恵という関係は良い関係の時には可能だが、「厳しい国際関係の中に何をもって互恵と言えるのか」という時には、より功利概念に特化するだけでは、ある種の殴り合いの状態に入ってしまい、お互いが持たないでしょう。そのようなことからも、次の広域低炭素社会を作りましょうということに説得力を持たせる研究を展開する必要があります。

　最後に、経済性・環境性・エネルギー安定性という3つの要因でエネルギー政策を作るということを検討したことです。経済性を考えるだけならば簡単なのですが、これら3つの要因のすべてを視野においてエネルギー政策や国家間関係を構築するという議論は未だに僅かに止まるため、これらの視点を深化させていくことが、国際安定上も重要だと思います。

盛岡　それぞれの政策提言は素晴らしく、私としては、それについて総括するのは避けます。ですが、われわれが実践したエコデザインの対象は「都市・農村連携と低炭素社会」という言葉になっている。本質的に言えることは、「都市・農村連携を通して低炭素社会のデザインに関する第1ラウンドを実践した」ということだと考えられます。故に、すべてをやったものであるとは言えないし、そのように評価の対象とされることには苦しいものがあります。

また、われわれはプロジェクトに「パイロット・モデル」という言葉を使いました。これに従えば、下川町もパイロット・モデルであるし、中国湖州市もパイロット・モデルと言えます。さらに、トチュウの展開地域は黄土高原ではまさに成功しかかったパイロット・モデルであると言えるでしょう。しかし、パイロット・モデルの個別実態像と、東アジア共同体等の理念的バウンダリーとの関係の整理が難しかったように思いました。

　今回の座談会や北海道大学の研究チームの研究を通して下川町や富良野市のことを知った時に、政府が地域自立型のある種の雛形を欲していたということが背景にあったように思います。エコタウンやバイオマスタウン、昔ならば環境共生都市というものがあったのですが、現在まで間にこの種の流れがとても弱ってきていた傾向があったと思います。例えば、パイロット的な提案をするものならば「農村環境改善モデル事業」というものが乱発されてきたのだが、中央からの企画・提案は現在に至るまでの間に種が尽きて弱ってきてしまった。その背景には、アイデアやコンセプトは良いのだが、単年度で予算的には補助事業の厚いものがあるだけで、予算依存型や天下り口利き型になって、その場だけのプログラムになってしまった。継続への足腰を強くしたり、スピリットを刺激させ、地域の資源の宝の要素を引き上げるような機能を持つ政策メニューが減少してきたということがあったと思います。仮にそのようなものが無くてもイノベーションが起こしていける時代ならばよかったが、今は困難な中で自ら道を探っていかないといけない時代でのサステイナビリティ、持続可能性ならば、社会実験でベストプラクティスを多重に組み合わせ、持続可能な国民政府としてかかる費用は政府本体の費用を削っても捻出すべきだったと思います。

　かろうじて環境モデル都市等については、いくつかの都市が採択されましたが、自立性を尊ぶ主人公が環境サステイナビリティを引き上げる担い手として期待された背景があり、それこそ下川町はその流れを活用し、堺市や北九州市等もIR3S等の中で交流を深めてきました。そこには、学術的な背景と方法を現場に還し、学問の方法論を地場に還元していこうという想いがありました。今でもそれを強く考えているのです。ただし、問題はそのようなパイロット性というものを担保する投資システムが乏しいということです。確かに、ある種の条件があれば、自分たちでファイナンスやリスクヘッジをしていけば良いと思う。そのためには、まちづくりとして財務条件を強化して、強い同盟等を構築していく必要が

ある。下川町自身はよくはやっていると思うが、ファイナンス・メカニズムをどうしていくのかが他都市の今後の課題になると思います。

　お金がだぶついている時代では、社会的な貢献さえあれば、膨大な総投資額の中のほんのわずかでも帰ってきたらよいというスタンスで一部は流れておりましたが、近年は環境を本業とした社会的な投資システムに変わりつつあります。その中で都市がやるべきテーマは変わっている。これは言わなかったが、再生可能エネルギーで得られた利益の運用について、都市側にもわれわれが検討したこととの共通性があるということは認識した方が良いと思います。このプロジェクトで提案されたパイロットの一番の鍵となるポイントは、それぞれの地域が自分たちでやっていくという精神性や方法論であったと思います。それを担っていく主体を形成していくパイロット・モデルは広く日本の各所であるだろうし、その一部は萌芽的に育ちつつあると確信しております。そのための学術世界の役割も大きいのですが、政府の役目はもっと大きいのではないのでしょうか。課題先進国(小宮山サステイナビリティサイエンス・コンソーシアム代表理事の言)の日本社会が直面する典型的な課題に挑む社会的なイノベーションに対する支援だったり、最初のイニシアティブへの支援、資金はナショナル・エコノミーで担うべきでしょう。

仲上　つまり、モデル都市ではなく、グッド・プラクティスと考えるべきです。
盛岡　まさに、"GP"ですね。ここで、グッド・プラクティスという表現は、UNEP（国連環境計画）やWBCSD（持続可能な発展のための経済人会議）、さらにクリントン・イニシアティブから発したC40（地球温暖化に取り組む世界都市連合）のメッセージの中にも登場します。それぞれの主体がより良き実践を持ち寄り、競い合い、かつ普及していくアプローチです。誰かが(権力機構)が認定するという上下関係ではありません。中央的権力を借りて関係者のコンセンサスを得たり、あるいは参画を促したり、時にトレードオフや利害関係を調整していくようなアプローチではないのです。自主も連携も自らの意思で行い、目標に近づいていく過程(広く社会的イノベーションとか移行過程の社会デザインという)をも内外にオープンにし、その成果を分かち合うような関係性が期待されているように思います。

　本日は各先生の熱心なご討議に感謝して座談会を終えたいと思います。次のプロジェクトへの展開とベスト・プラクティスの実践を切に願います。

結　語

　「21世紀の環境立国戦略」において、地球温暖化対策の規範的な政策目標として世界的にも急速に受け入れられた「低炭素社会」は、「循環型社会」、「自然共生社会」とともに、持続可能な社会づくりの重要な統合的取組みとしてとして位置付けられた。さらに、2010年6月18日、政府によって閣議決定された「新成長戦略〜『元気な日本』復活のシナリオ〜」において、グリーン・イノベーションによる環境・エネルギー大国戦略が、強みを活かす成長分野として重要な戦略として位置付けられた。本書は、低炭素社会を都市・農村連携の視点でエコデザインするという大胆な試みで研究を展開した。もとより、低炭素社会構築において、都市・農村連携は、バイオマスタウン構想にあるように個別的対応のプロジェクトとして推進されつつある。しかしながら、個別課題や目標が明確とされるバイオマスタウン構想の推進おいても、現実には多くの困難な課題に直面しており、遅々として進まない状況である。

　低炭素社会構築の議論の中で、都市・農村の地域連携が有するであろう可能性に注目し、本研究は展開された。都市問題、農村問題が深刻化する中で、それぞれ個別に議論されることはあっても、共通の目標である低炭素社会構築のための連携をキーワードにした考察はこれまで多くはなかったと自負している。

　低炭素化産業の創出（業結合モデル）、都市-農村空間結合による低炭素化クラスター形成（空間結合モデル）、日中互恵モデルによる広域低炭素化社会実現のためのエネルギー・資源システムの改変と政策的実証研究（国際互恵モデル）の成果は、途中段階ともいえようが、その中でも多くの議論が展開され、日中間の農工連携の新しい地平を切り開くことができ、この成果が将来的には中国の黄土高原の緑地回復への新しい希望となることを予感させた。

　都市-農村空間結合においては、札幌市と富良野市、下川町との関係性を考察す

結　語

る中で、北海道の自立、ひいては独立構想という壮大な議論を巻き起こした。国際互恵モデルにおいては、日中韓の3国を中軸とした東アジア地域における「アジア低炭素共同体」の構想とも合致する「広域低炭素社会」の構築の意義を見出すことを可能とした。これらの議論の結論がエコデザインという水準にまで至っていないし、多くの検討課題を残していることは事実であるが、これらの研究成果が、「低炭素社会のエコデザイン」という観点で環境政策、環境技術の幅を広げたと自負している。

　本書が、「低炭素社会構築」、「ポスト京都議定書」の議論さらには、サステイナブル・ソサイティ構築の議論展開のきっかけになれば幸いである。

2010年11月10日

仲上　健一

都市・農村連携と低炭素社会のエコデザイン	定価はカバーに表示してあります.
2011年2月25日　1版1刷発行	ISBN978-4-7655-3448-2 C3034

編著者	梅田　靖・町村　尚・ 大崎　満・周　瑋生・ 盛岡　通・仲上健一
発行者	長　　滋　彦

日本書籍出版協会会員 自然科学書協会会員 工　学　書　協　会　会　員 土木・建築書協会会員	発行所　技報堂出版株式会社 東京都千代田区神田神保町1-2-5 〒101-0051 電　話　営業　(03)(5217)0885 　　　　編集　(03)(5217)0881 FAX　　　　 (03)(5217)0886 振替口座　　　00140-4-10 http://gihodobooks.jp/

Printed in Japan

Ⓒ Yasushi Umeda *et al.*, 2011　　　　　　装幀　浜田晃一　　印刷・製本　三美印刷

落丁・乱丁取替えいたします.
本書の無断複写は，著作権法上での例外を除き，禁じられています.